Tutorial zu ausgewählten Themen der Technischen Mechanik

Alexander Berg

Tutorial zu ausgewählten Themen der Technischen Mechanik

Grundlagen auffrischen und eigene Kenntnisse ergänzen

Springer Vieweg

Alexander Berg
Rutesheim, Deutschland

ISBN 978-3-658-52067-0 ISBN 978-3-658-52068-7 (eBook)
https://doi.org/10.1007/978-3-658-52068-7

Die Deutsche Nationalbibliothek verzeichnet diese Publikation in der Deutschen Nationalbibliografie; detaillierte bibliografische Daten sind im Internet über https://portal.dnb.de abrufbar.

Planung/Lektorat: Ellen-Susanne Klabunde
Springer Vieweg ist ein Imprint der eingetragenen Gesellschaft Springer Fachmedien Wiesbaden GmbH und ist ein Teil von Springer Nature.
Die Anschrift der Gesellschaft ist: Abraham-Lincoln-Str. 46, 65189 Wiesbaden, Germany

Vorwort

Das vorliegende Tutorial ist aus dem Begleitmaterial eines zweitägigen Kurses zur Auffrischung von Kenntnissen der Technischen Mechanik für angehende Studierende der Kraftfahrzeugtechnik entstanden. Solche auch als Vorkurse bezeichneten Veranstaltungen dienen zudem der persönlichen Standortbestimmung im Hinblick auf notwendige Vorbereitungen für den erfolgreichen Beginn eines technischen Studiums. Die Teilnehmenden haben in der Regel recht unterschiedliche Vorkenntnisse. Diese sind auf verschiedenen Bildungswegen mit mehr oder weniger intensiven Vertiefungen im Bereich von relevanten Grundlagenfächern (insbesondere Physik und Mathematik) erworben worden. Bei Personen, welche vor Beginn des Studiums einen Beruf erlernt und hier auch schon tätig waren, können einmal erworbene Kenntnisse bereits wieder in Vergessenheit geraten sein. In Zeiten des Ingenieurmangels bekommen zunehmend auch Personen eine Einstiegschance, denen zuvor die klassischen naturwissenschaftlichen Grundlagen nicht oder nur rudimentär vermittelt worden sind.

Vor diesem Hintergrund gehört es zu den besonderen Herausforderungen eines auf wenige Tage beschränkten Vorkurses, die Teilnehmenden weder zu über- noch zu unterfordern. Nicht nur im Bereich der Technischen Mechanik kann mit einem einzelnen Kurs die Vielfalt der zu behandelten Themen nur ansatzweise abgedeckt werden. Es ist ein bewährter Ansatz, bereits im Vorfeld mit einem dem Inhalt des Kurses angepassten Manuskript oder Buch zu informieren. Damit können sich die Teilnehmenden über den zu erwartenden Stoffumfang informieren und ggfs. mit ihren eigenen noch vorhandenen Unterlagen bereits erlerntes Wissen vorbereitend etwas auffrischen. Während des Kurses können dann mit kurzen einleitenden Vorträgen theoretische Zusammenhänge und Formeln sowie einige wenige Beispiele behandelt werden. Wesentlicher Teil des Kurses ist das anschließende Bearbeiten von Aufgaben. Dies kann einerseits selbständig, andererseits aber auch gemeinsam mit gegenseitiger Unterstützung in kleinen Gruppen erfolgen. Hierbei ist es zweckmäßig, die Bildung der Gruppen bei Kursbeginn anhand von Vorkenntnissen der Teilnehmenden durchzuführen. Darüber hinaus eignet sich das Tutorial auch zum Selbststudium und zur Vorbereitung auf Prüfungen.

Rutesheim im Mai 2026

Alexander Berg

Interessenkonflikt Der/die Autor*in hat keine relevanten Interessenskonflikte im Zusammenhang mit dieser Publikation.

a = Δv / Δt
Δv = a · Δt
F = m · a
a = F / m
E = 1/2 m · v²
W = F · s

INHALT

1 EINLEITUNG

Die Technische Mechanik für Ingenieure kann in die vier Bereiche Kinematik, Kinetik, Statik und Festigkeitslehre unterteilt werden, **Abbildung 1-1**. Im Rahmen dieses Tutorials und des zugehörigen Kurses ist es aus Zeitgründen nicht möglich alle Teilbereiche ausführlich zu behandeln. Nicht enthalten ist u. a. die gesamte Festigkeitslehre, welche im Studium in der Regel als separate Vorlesung angeboten wird. Mit der Technischen Mechanik (Mechanik fester Körper) eng verwandt ist die Fluidmechanik (Mechanik von Flüssigkeiten). Auch dieses Stoffgebiet gehört zum mechanischen Grundlagenwissen von Ingenieurinnen und Ingenieuren, wird aber im vorliegenden Tutorial nicht behandelt.

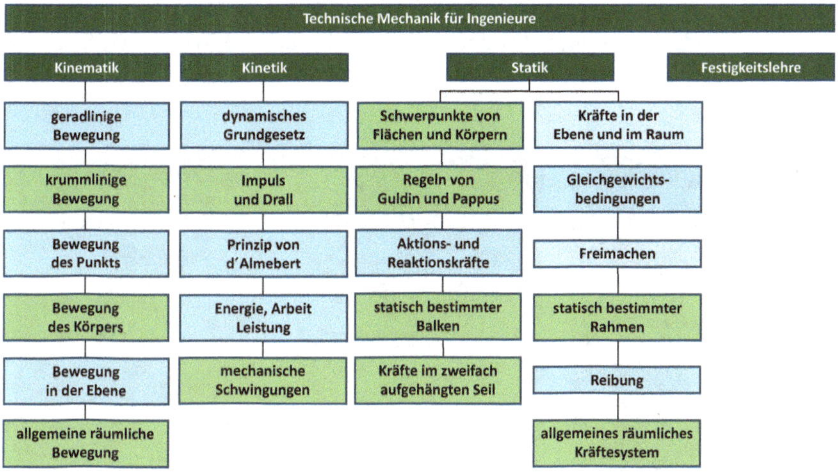

Abbildung 1-1: Klassische Einteilung der Technischen Mechanik für Ingenieure (nach Assmann, 1971)

Wie im Vorwort bereits erwähnt sollen mit dem Tutorial und dem zugehörigen Kurs lediglich einige Kenntnisse aufgefrischt und eine persönliche Einschätzung (Standortbestimmung) ermöglicht werden: Sechs Kapitel behandeln die Kinematik der geradlinigen Bewegung, die Statik, das Prinzip von D´Alembert, Arbeit, Energie und Leistung sowie die Coulombsche Reibung. Soweit es sich um umfangreichere Kapitel handelt, erfolgt eine erweiterte Gliederung in Unterkapitel, beispielsweise zur Relativgeschwindigkeit oder zum freien Fall. Je Kapitel werden zunächst wesentliche Grundlagen und Formeln sowie deren Anwendung in einzelnen Beispielen beschrieben. Es folgen zugehörige Aufgaben, deren Lösungen jeweils am Schluss des Kapitels zusammengefasst sind. Auf eine separate Formelsammlung wurde verzichtet. Stattdessen sind Formeln im Text farbig markiert.

A. Berg, *Tutorial zu ausgewählten Themen der Technischen Mechanik*,
https://doi.org/10.1007/978-3-658-52068-7_1

Die Technische Mechanik gehört zu den Studienfächern, in denen das regelmäßige vorlesungsbegleitende Üben durch selbständiges Lösen von Aufgaben einen wesentlichen Schwerpunkt bildet. Es ist zu empfehlen, dies nicht nur allein, sondern auch in Lerngruppen durchzuführen. Hierzu, wie auch zum Nachlesen von Grundlagen und Zusammenhängen gibt es umfangreiche Literatur. Beispiele aus dem Verlag Springer Vieweg zeigt **Abbildung 1-2**.

An vielen Hochschulen haben Studierende und Lehrende über Lernplattformen in der dortigen sehr umfangreiche virtuellen Bibliothek kostenlosen Zugriff auf downloadbare E-Book-Varianten. Über eine Startseite gelangt man beispielsweise in den Bereich „Literatursuche, Datenbanken, Zeitschriften“ und von dort zu externen Datenbanken, wozu häufig https://link.springer.com/ gehört. Hier kann man sich auch direkt anmelden und nach Eingabe des Namens der Hochschule (falls ein Kooperationsvertrag mit Springer Nature - sogenannter - DEAL-Vertrag - besteht) kostenlose Downloads durchführen. Darüber hinaus sind gedruckte Werke verfügbar, die in Präsenzbibliotheken eingesehen oder ausgeliehen werden können.

©Springer Vieweg

Abbildung 1-2: Beispiel zu Lehr- und Übungsbüchern der Technischen Mechanik aus dem Verlag Springer Vieweg

Vor diesem Hintergrund kann das vorliegende Tutorial nicht nur dem Einstieg oder Wiedereinstieg in den interessanten - im Zusammenhang mit konkreten Fragestellungen aus der Praxis oft auch spannenden - Themenbereich der Technischen Mechanik dienen. Im Idealfall ist es ein kleiner Meilenstein auf dem Weg des lebenslangen Lernens, an dem neues Interesse geweckt, sowie zum umfangreicheren Studieren und Üben motiviert worden ist.

2 KINEMATIK

2.1 Grundlagen der Bewegung mit konstanter Geschwindigkeit

Allgemein ergibt sich der im Zeitintervall von $t = t_0$ bis $t = t_1$ zurückgelegte Weg s aus dem Integral

$$\mathbf{s(t) = \int_{t_0}^{t_1} v(t) \cdot dt}$$

Mit konstanter Geschwindigkeit v folgt daraus

$$\mathbf{s(t) = v \int_{t_0}^{t_1} dt = v \cdot (t_1 - t_0)}$$

Dann ergibt sich, wie in **Abbildung 2-1** links dargestellt, im Geschwindigkeits-Zeit-Diagramm der zurückgelegte Weg als Rechteckfläche unter der zur Zeitachse parallel verlaufenden Geschwindigkeits-Geraden. Im rechts dargestellten Weg-Zeit-Diagramm entspricht das einer ansteigenden Weg-Geraden mit der Steigung v. Oft wird allein die Bewegung in einem bestimmten Zeitintervall $\Delta t = t_1 - t_0$ betrachtet, so dass der hierin zurückgelegte Weg mit der einfachen Formel

$$\mathbf{\Delta s = v \cdot \Delta t}$$

berechnet werden kann.

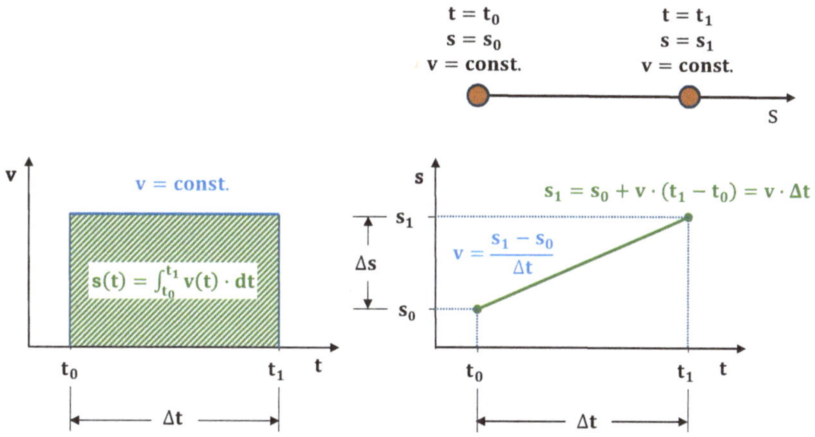

Abbildung 2-1: Geschwindigkeits-Zeit-Diagramm und Weg-Zeit-Diagramm der Bewegung mit konstanter Geschwindigkeit

Häufig beginnt eine kinematische Betrachtung zum Zeitpunkt $t_0 = 0$ und es wird das Formelzeichen Δ weggelassen ($\Delta t \equiv t$). Ist auch $s_0 = 0$ wird ebenso $\Delta s \equiv s$ gesetzt, woraus sich zur Berechnung des Wegs die einfache Formel $s = v \cdot t$ ergibt,

A. Berg, *Tutorial zu ausgewählten Themen der Technischen Mechanik*,
https://doi.org/10.1007/978-3-658-52068-7_2

Abbildung 2-2, links. Wenn zum Zeitpunkt $t = 0$ bereits ein Anfangswert des Wegs $s_0 > 0$ zurückgelegt worden ist, benutzt man entsprechend zur Berechnung des Wegs die Formel $s = s_0 + v \cdot t$, **Abbildung 2-2**, rechts. Je nachdem, welche Werte bekannt und welche zu berechnen sind, müssen die Formeln zur Lösung konkreter Aufgaben umgestellt werden.

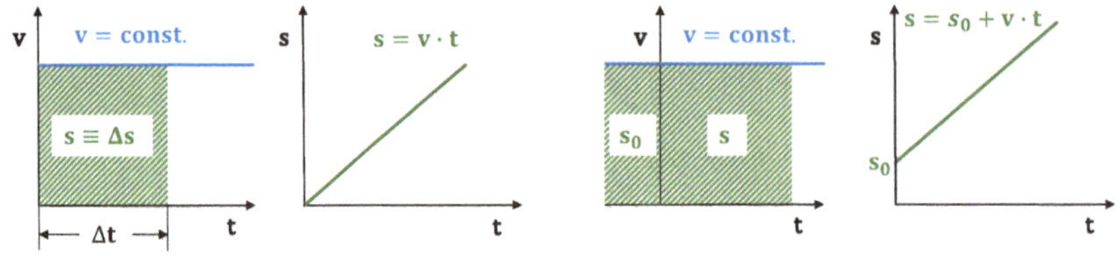

Weg s	$\Delta s = v \cdot \Delta t$	$s = v \cdot t$	$s = s_0 + v \cdot t$
Geschwindigkeit v	$v = \frac{\Delta s}{\Delta t}$	$v = \frac{s}{t}$	$v = \frac{s - s_0}{t}$
Zeit t	$\Delta t = \frac{\Delta s}{v}$	$t = \frac{s}{v}$	$t = \frac{s - s_0}{v}$

Abbildung 2-2: Formeln für Bewegungen mit konstanter Geschwindigkeit

Beispiel 2.1.1

Ein Pkw fährt mit konstanter Geschwindigkeit v und legt in der Zeitdauer $t_1 - t_0 = \Delta t = 5$ s die Wegstrecke $s_1 - s_0 = \Delta s = 25$ m zurück.

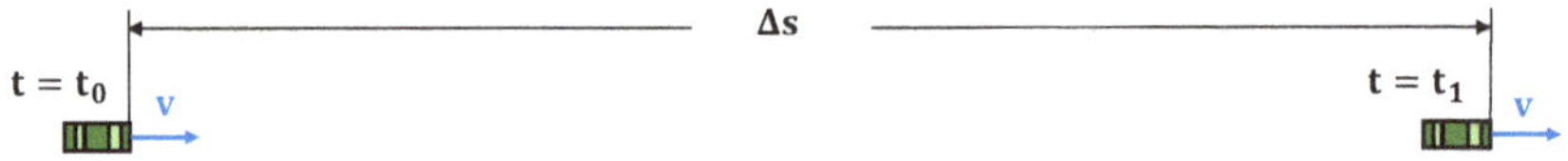

Wie groß ist der Betrag seiner Geschwindigkeit v in m/s und in km/h?

$$v = \frac{\Delta s}{\Delta t} = \frac{25\ \text{m}}{5\ \text{s}} = 5\ \text{m/s} = 5 \cdot 3{,}6\ \text{km/h} = 18\ \text{km/h}$$

Der Umrechnungsfaktor 3,6 ergibt sich wie folgt:

$1\ \text{km} = 1.000\ \text{m}; 1\ \text{h} = 60\ \text{min} = 60 \cdot 60\ \text{s} = 3.600\ \text{s}$

$$1\ \frac{\text{km}}{\text{h}} = \frac{1.000\ \text{m}}{3.600\ \text{s}} = \frac{1}{3{,}6}\ \text{m/s} \quad \rightarrow \quad 1\ \text{m/s} = 3{,}6\ \text{km/h}$$

Beispiel 2.1.2

Ein Pkw fährt mit konstanter Geschwindigkeit $v = 144\ \mathrm{km/h}$.
Welche Wegstrecke Δs legt er in der Zeitdauer $\Delta t = 5\ \mathrm{s}$ zurück?

$$\Delta s = v \cdot \Delta t = \frac{144}{3{,}6}\ \frac{\mathrm{m}}{\mathrm{s}} \cdot 5\ \mathrm{s} = 40\ \frac{\mathrm{m}}{\mathrm{s}} \cdot 5\ \mathrm{s} = 200\ \mathrm{m}$$

Beispiel 2.1.3

Ein Pkw fährt mit konstanter Geschwindigkeit $v = 144\ \mathrm{km/h}$.
Wie groß ist die Zeitdauer Δt welche vergeht, bis er die Wegstrecke $\Delta s = 1\ \mathrm{km}$ zurückgelegt hat?
Verlangt ist die Angabe in s.

$$\Delta t = \frac{\Delta s}{v} = \frac{1.000\ \mathrm{m}}{144\ \mathrm{km/h}} = \frac{1.000\ \mathrm{m}}{\frac{144}{3{,}6}\ \frac{\mathrm{m}}{\mathrm{s}}} = 25\ \mathrm{s}$$

Beispiel 2.1.4

Ein Pkw fährt mit konstanter Geschwindigkeit $v = 50\ \mathrm{km/h}$.
Welche Zeitdauer Δt vergeht, bis er die Wegstrecke $\Delta s = 1\ \mathrm{km}$ zurückgelegt hat?
Verlangt ist die Angabe jeweils in Stunden, Minuten und Sekunden.

$$\Delta t = \frac{\Delta s}{v} = \frac{1\ \mathrm{km}}{50\ \frac{\mathrm{km}}{\mathrm{h}}} = 0{,}02\ \mathrm{h} = 0{,}02 \cdot 60\ \mathrm{min} = 1{,}2\ \mathrm{min} = 1{,}2 \cdot 60\ \mathrm{s} = 72\ \mathrm{s}$$

Aufgabe 2.1.1

Ein Pkw fährt mit konstanter Geschwindigkeit v und legt
in der Zeitdauer $\Delta t = t_1 - t_0 = 1\ \mathrm{s}$ die Wegstrecke $\Delta s = 36\ \mathrm{m}$ zurück.

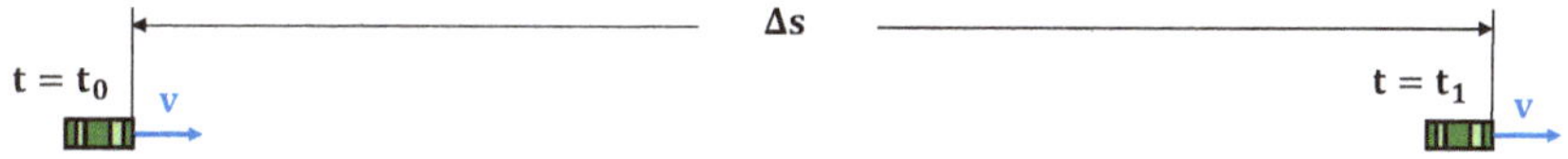

Wie groß ist der Betrag seiner Geschwindigkeit v in m/s und in km/h?

Aufgabe 2.1.2

Ein Pkw und ein Lkw fahren mit jeweils konstanter Geschwindigkeit nebeneinander geradeaus. Die Geschwindigkeiten betragen $v_{Pkw} = 144\ \mathrm{km/h}$ und $v_{Lkw} = 72\ \mathrm{km/h}$. Zum Zeitpunkt $t = t_o$ befinden sich die Fronten beider Fahrzeuge auf gleicher Linie nebeneinander.

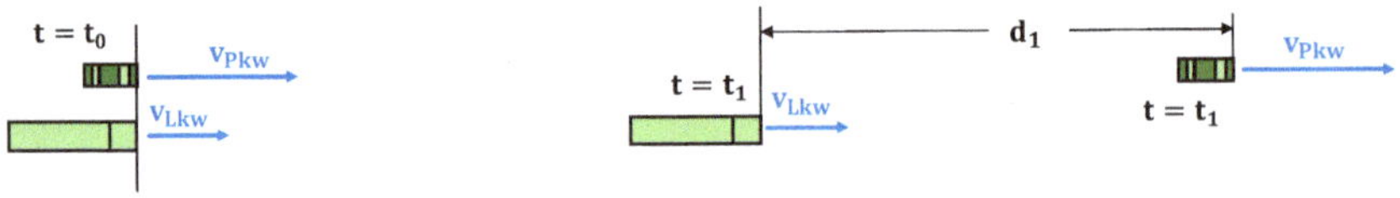

Wie groß ist der Abstand d_1 zwischen den Fronten beider Fahrzeuge nach der Zeitdauer $\Delta t = t_1 - t_0 = 1\ \mathrm{min}$?
Die Berechnung soll schrittweise mit Zwischenergebnissen ohne Verwendung der Relativgeschwindigkeit durchgeführt werden.
Gefordert sind die Angaben in m und km.

Aufgabe 2.1.3

Ein Sattel-Kfz fährt auf der linken Spur einer Autobahn mit der konstanten Geschwindigkeit $v_S = 85\ \mathrm{km/h}$. Es erreicht das Heck eines auf der rechten Spur mit der konstanten Geschwindigkeit $v_L = 80\ \mathrm{km/h}$ vorausfahrenden Lkws zum Zeitpunkt t_0. Die Länge des Lkws beträgt $l_L = 12\ \mathrm{m}$, das Sattel-Kfz ist $l_S = 16\ \mathrm{m}$ lang. Zum Zeitpunkt t_1 befindet sich das Heck des auf der linken Spur am Lkw vorbeigefahrenen Sattel-Kfz $d_1 = 3\ \mathrm{m}$ vor der Front des Lkws und der Fahrer des Lkws gibt per „Lichthupe" ein Signal, woraufhin der Fahrer des Sattel-Kfz beginnt, auf die rechte Spur zu wechseln.

Wie groß ist die Zeitdauer $\Delta t = t_1 - t_0$?

Aufgabe 2.1.4

Ein $l_S = 16$ m langes Sattel-Kfz fährt auf der linken Spur einer Autobahn mit der konstanten Geschwindigkeit $v_S = 85$ km/h. Es erreicht das Heck eines auf der rechten Spur mit der konstanten Geschwindigkeit $v_L = 80$ km/h vorausfahrenden $l_L = 12{,}0$ m langen Lkws zum Zeitpunkt t_0 und fährt anschließend an dem Lkw vorbei. Nach der Zeitdauer $\Delta t = t_1 - t_0 = 22{,}32$ s gibt der Fahrer des überholten Lkws per „Lichthupe" ein Signal, woraufhin der Fahrer des Sattel-Kfz beginnt, auf die rechte Spur zu wechseln.

Wie groß ist in diesem Moment der Abstand d_1 zwischen der Front des Lkws und dem Heck des Sattel-Kfz?

Aufgabe 2.1.5

Ein $l_S = 16$ m langes Sattel-Kfz fährt auf der linken Spur einer Autobahn mit der konstanten Geschwindigkeit $v_S = 85$ km/h. Es erreicht das Heck eines auf der rechten Spur mit der konstanten Geschwindigkeit $v_L = 80$ km/h vorausfahrenden $l_L = 12{,}0$ m langen Lkws zum Zeitpunkt t_0 und fährt anschließend an dem Lkw vorbei. Zum Zeitpunkt t_1 befindet sich das Heck des auf der linken Spur am Lkw vorbeigefahrenen Sattel-Kfz $d_1 = 3$ m vor der Front des Lkws und der Fahrer des Sattelkraftfahrzeugs beginnt dann auf die rechte Spur zu wechseln.

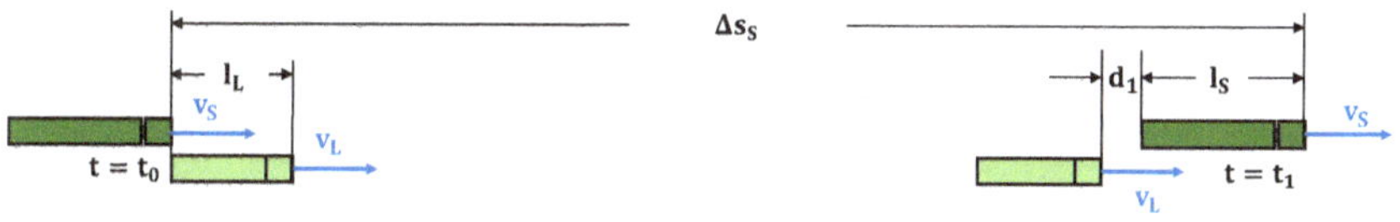

Wie groß ist die Wegstrecke Δs_S, die das Sattel-Kfz in der Zeitspanne $\Delta t = t_1 - t_0$ zurücklegt?

2.2 Relativgeschwindigkeit

Die Lösung mancher Aufgabe kann schneller erfolgen, wenn mit der Relativgeschwindigkeit gerechnet wird. Das hängt von den gegebenen Bewegungen und Fragestellungen ab. Wichtig ist dabei das Beachten der Bewegungsrichtungen.

Allgemein ergibt sich die Relativgeschwindigkeit $\vec{v}_{rel}$ zweier Objekte aus der vektoriellen Differenz ihrer Geschwindigkeiten $\vec{v}_1$ und $\vec{v}_2$, **Abbildung 2-3**.

$$\vec{v}_{rel} = \vec{v}_1 - \vec{v}_2.$$

Bewegen sich die beiden Objekte kollinear oder parallel in gleicher Richtung, kann einfach mit den Beträgen der Geschwindigkeiten gerechnet werden. Dann hat der Betrag der Relativgeschwindigkeit ein positives Vorzeichen, wenn der Betrag der kleineren Geschwindigkeit (hier v_2) vom Betrag der größeren Geschwindigkeit (hier v_1) abgezogen wird: $v_{rel} = v_1 - v_2$.

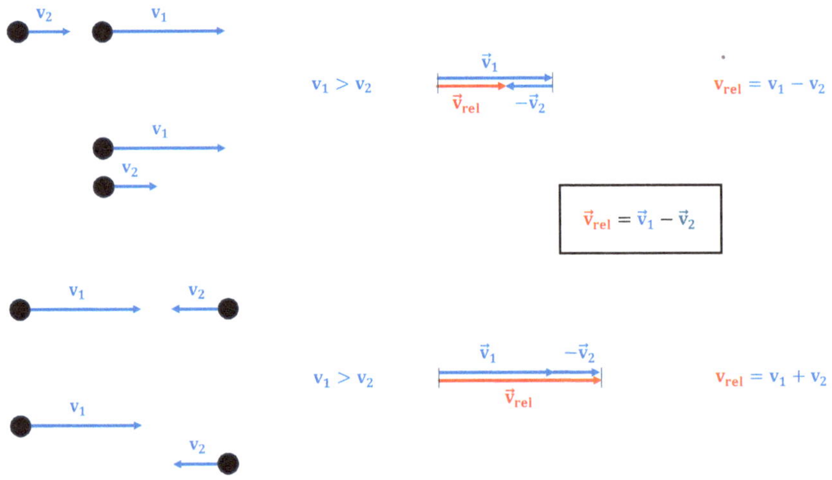

Abbildung 2-3: Berechnung der Relativgeschwindigkeit zweier sich kollinear oder parallel in gleicher oder entgegengesetzter Richtung bewegender Körper

Bewegen sich die beiden Objekte in gegengesetzter Richtung aufeinander zu, wird die vektorielle Differenz als Addition des ersten mit dem negativen zweiten Vektor durchgeführt: $\vec{v}_{rel} = \vec{v}_1 + (-\vec{v}_2)$. Entsprechend ergibt sich der Betrag der Relativgeschwindigkeit aus der Summe der Beträge beider Einzelgeschwindigkeiten: $v_{rel} = v_1 + v_2$.

Beispiel 2.2.1

Zwei Körper bewegen sich mit den konstanten Geschwindigkeiten $v_1 = 15\ \mathrm{m/s}$ bzw. $v_2 = 5\ \mathrm{m/s}$ in gleicher Richtung auf parallelen Geraden und befinden sich zum Zeitpunkt t_0 exakt nebeneinander.
Wie groß ist ihr Abstand d_1 zum Zeitpunkt $t_1 = 10$ s?

Berechnung mit Relativgeschwindigkeit:

$$d_1 = v_{rel} \cdot (t_1 - t_0) = (15 - 5)\frac{\mathrm{m}}{\mathrm{s}} \cdot 10\ \mathrm{s} = 100\ \mathrm{m}$$

Schrittweise Berechnung ohne Relativgeschwindigkeit:

Zurückgelegter Weg von Körper 1:

$$s_1 = v_1 \cdot (t_1 - t_0) = 15\frac{\mathrm{m}}{\mathrm{s}} \cdot 10\ \mathrm{s} = 150\ \mathrm{m}$$

Zurückgelegter Weg von Körper 2:

$$s_2 = v_2 \cdot (t_1 - t_0) = 5\frac{\mathrm{m}}{\mathrm{s}} \cdot 10\ \mathrm{s} = 50\ \mathrm{m}$$

Abstand:

$$d_1 = s_2 - s_1 = 150\ \mathrm{m} - 50\ \mathrm{m} = 100\ \mathrm{m}$$

Aufgabe 2.2.1

Zwei Körper fliegen mit den konstanten Geschwindigkeiten $v_1 = 15\ \mathrm{m/s}$ bzw. $v_2 = 5\ \mathrm{m/s}$ aufeinander zu.
Zum Zeitpunkt t_0 beträgt ihr Abstand $d_0 = 10$ m.

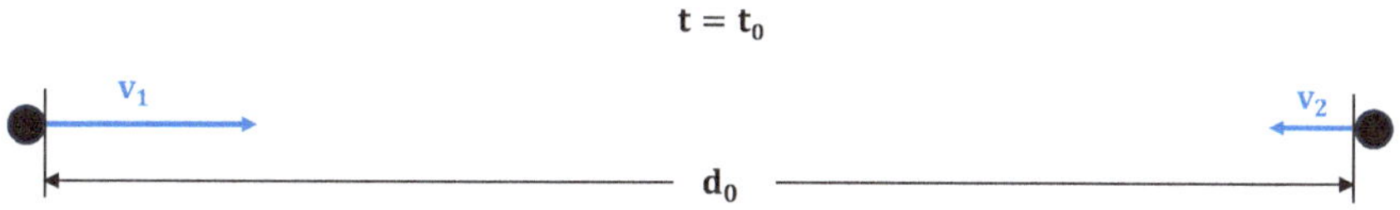

Wie groß ist die Zeitdauer Δt bis zur Kollision der beiden Körper?

Aufgabe 2.2.2 (siehe auch Aufgabe 2.1.2)

Ein Pkw und ein Lkw fahren mit jeweils konstanter Geschwindigkeit nebeneinander geradeaus. Die Geschwindigkeiten betragen $v_{Pkw} = 144 \text{ km/h}$ und $v_{Lkw} = 72 \text{ km/h}$. Zum Zeitpunkt $t = t_o$ befinden sich die Fronten beider Fahrzeuge auf gleicher Linie nebeneinander.

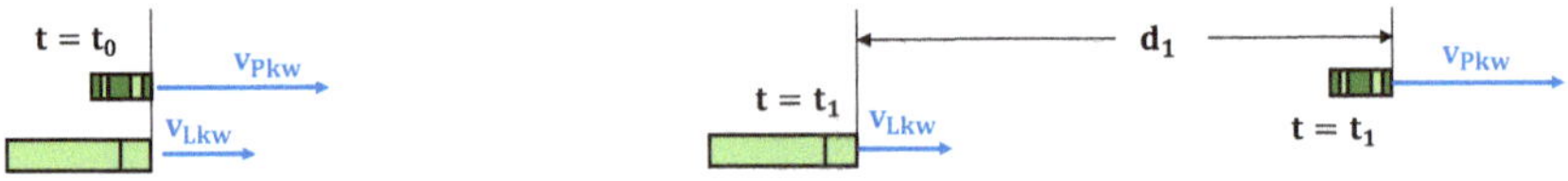

Wie groß ist der Abstand d_1 zwischen den Fronten beider Fahrzeug nach der Zeitdauer $\Delta t = t_1 - t_0 = 1 \text{ min}$?
Die Berechnung soll mit Verwendung der Relativgeschwindigkeit durchgeführt werden.
Gefordert sind die Angaben in m und km.

Aufgabe 2.2.3 (siehe auch Aufgabe 2.1.3)

Ein Sattel-Kfz fährt auf der linken Spur einer Autobahn mit der konstanten Geschwindigkeit $v_S = 85 \text{ km/h}$. Es erreicht das Heck eines auf der rechten Spur mit der konstanten Geschwindigkeit $v_L = 80 \text{ km/h}$ vorausfahrenden Lkws zum Zeitpunkt t_0. Die Länge des Lkws beträgt $l_L = 12 \text{ m}$, das Sattel-Kfz ist $l_S = 16 \text{ m}$ lang. Zum Zeitpunkt t_1 befindet sich das Heck des auf der linken Spur am Lkw vorbeigefahrenen Sattel-Kfz $d_1 = 3 \text{ m}$ vor der Front des Lkws und der Fahrer des Lkws gibt per „Lichthupe" ein Signal, woraufhin der Fahrer des Sattel-Kfz beginnt, auf die rechte Spur zu wechseln.

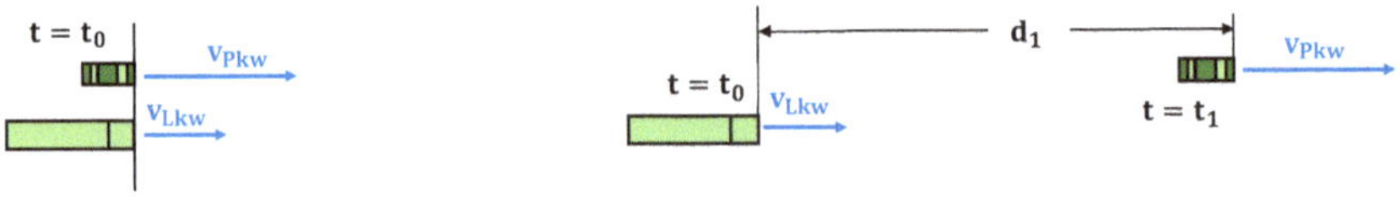

Wie groß ist die Zeitdauer $\Delta t = t_1 - t_0$?
Die Berechnung soll mit Verwendung der Relativgeschwindigkeit durchgeführt werden.

Aufgabe 2.2.4 (siehe auch Aufgabe 2.1.4)

Ein $l_S = 16$ m langes Sattel-Kfz fährt auf der linken Spur einer Autobahn mit der konstanten Geschwindigkeit $v_S = 85\ \mathrm{km/h}$. Es erreicht das Heck eines auf der rechten Spur mit der konstanten Geschwindigkeit $v_L = 80\ \mathrm{km/h}$ vorausfahrenden $l_L = 12{,}0$ m langen Lkws zum Zeitpunkt t_0 und fährt anschließend an dem Lkw vorbei. Nach der Zeitdauer $\Delta t = t_1 - t_0 = 22{,}32$ s gibt der Fahrer des überholten Lkws per „Lichthupe" ein Signal, woraufhin der Fahrer des Sattel-Kfz beginnt, auf die rechte Spur zu wechseln.

Wie groß ist in diesem Moment der Abstand d_1 zwischen der Front des Lkws und dem Heck des Sattel-Kfz?
Die Berechnung soll mit Verwendung der Relativgeschwindigkeit durchgeführt werden.

Aufgabe 2.2.5 (siehe auch Aufgabe 2.1.5)

Ein $l_S = 16$ m langes Sattel-Kfz fährt auf der linken Spur einer Autobahn mit der konstanten Geschwindigkeit $v_S = 85\ \mathrm{km/h}$. Es erreicht das Heck eines auf der rechten Spur mit der konstanten Geschwindigkeit $v_L = 80\ \mathrm{km/h}$ vorausfahrenden $l_L = 12{,}0$ m langen Lkws zum Zeitpunkt t_0 und fährt anschließend an dem Lkw vorbei. Zum Zeitpunkt t_1 befindet sich das Heck des auf der linken Spur am Lkw vorbeigefahrenen Sattel-Kfz $d_1 = 3$ m vor der Front des Lkws und der Fahrer des Sattelkraftfahrzeugs beginnt dann auf die rechte Spur zu wechseln.

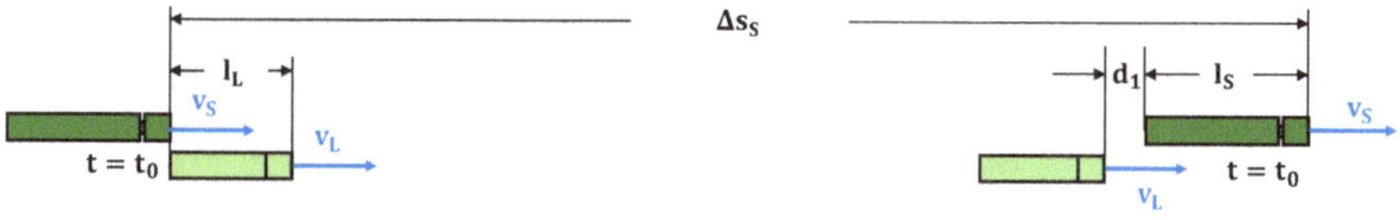

Wie groß ist die Wegstrecke Δs_S, die das Sattel-Kfz in der Zeitspanne $\Delta t = t_1 - t_0$ zurücklegt?
Die Berechnung soll mit Verwendung der Relativgeschwindigkeit durchgeführt werden.

Aufgabe 2.2.6

Zwei Pkw fahren mit konstanter Geschwindigkeit $v_{Pkw,1} = v_{Pkw,2} = 144\ \mathrm{km/h}$ aufeinander zu. Zum Zeitpunkt $t_0 = 0$ s beträgt ihr Abstand $d_0 = 200\ \mathrm{m}$.

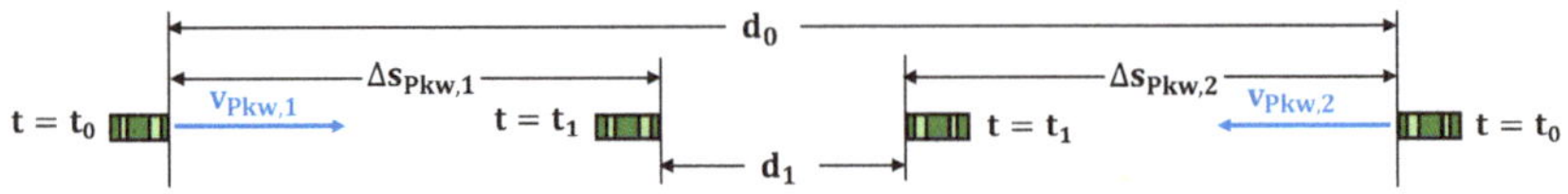

a) Welche Wege $\Delta s_{Pkw,1}$ und $\Delta s_{Pkw,2}$ haben die Fahrzeuge bis zum Zeitpunkt $t_1 = 2$ s zurückgelegt?

b) Wie groß ist der Abstand d_1 beider Fahrzeuge zum Zeitpunkt t_1?

Lösen Sie Aufgabe **b)** auch mit Verwendung der Relativgeschwindigkeit.

Aufgabe 2.2.7

Zwei Pkw fahren mit konstanter Geschwindigkeit $v_{Pkw,1} = v_{Pkw,2} = 144\ \mathrm{km/h}$ aufeinander zu. Zum Zeitpunkt $t_0 = 0$ s beträgt der Abstand $d_0 = 200\ \mathrm{m}$.

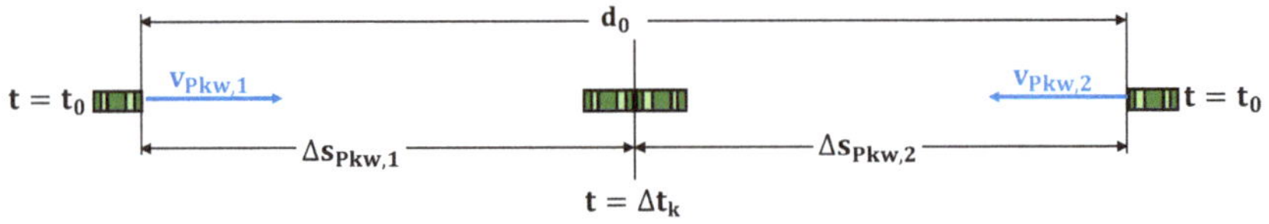

a) Wie groß ist die Zeitdauer Δt_K bis zur Kollision der beiden Fahrzeuge?

b) Welchen Weg $\Delta s_{Pkw,1}$ hat der Pkw 1 bis zur Kollision zurückgelegt?

Lösen Sie Aufgabe **a)** mit Verwendung der Relativgeschwindigkeit.

2.3 Geschwindigkeitsvektoren in der Ebene

Bewegt sich ein Körper gleichzeitig in mehrere Richtungen (in mehreren Dimensionen), sind die vektoriellen Eigenschaften seiner Geschwindigkeit relevant. Zur deren vollständiger Beschreibung gehören dann die Angabe ihres Betrags und ihrer Richtung. Im Folgenden wird nur die Bewegung in einer Ebene (x,y-Ebene) behandelt, **Abbildung 2-4**. Die Beträge der x- und y-Komponente bzw. der Resultierenden einer Geschwindigkeit können entsprechend mit Anwendung von Winkelfunktionen berechnet werden:

$$\vec{v} = \frac{d\vec{s}}{dt} = \begin{pmatrix} v_x \\ v_y \end{pmatrix}$$

$$v_x = v \cdot \cos\alpha \qquad v = v_x / \cos\alpha$$

$$v_y = v \cdot \sin\alpha \qquad v = v_y / \sin\alpha$$

Alternativ ist der Satz von Pythagoras anwendbar, **Abbildung 2-5**.

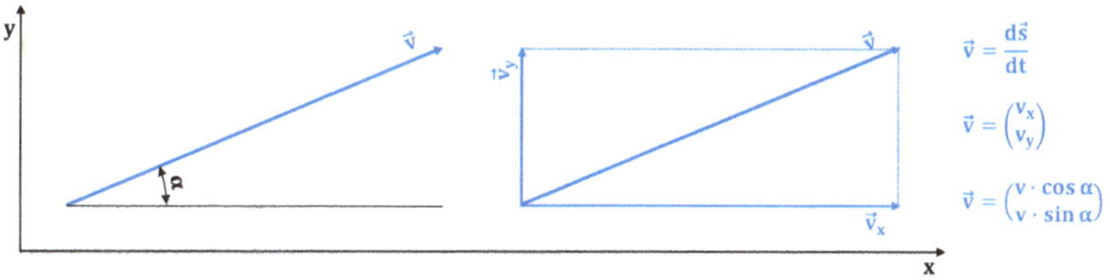

Abbildung 2-4: Geschwindigkeitsvektor $\vec{v}$ in der x,y-Ebene

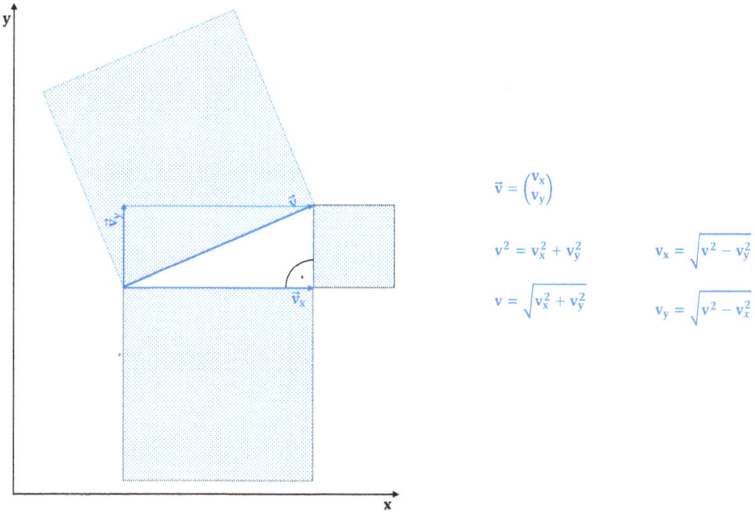

Abbildung 2-5: Anwendung des Satzes von Pythagoras zur Bestimmung der Beträge eines Vektors und seiner Komponenten in der x,y-Ebene

Der zurückgelegte Weg $\vec{s} = \vec{v} \cdot t$ ist ebenfalls ein Vektor und verläuft kollinear mit dem Geschwindigkeitsvektor $\vec{v}$. Für den im Zeitabschnitt Δt zurückgelegten Weg Δs gelten somit entsprechende Zusammenhänge:

$$\mathbf{\Delta s = v \cdot \Delta t}$$

$$\mathbf{\Delta s_x = \Delta s \cdot \cos\alpha} \qquad \mathbf{\Delta s = \Delta s_x / \cos\alpha}$$

$$\mathbf{\Delta s_y = \Delta s \cdot \sin\alpha} \qquad \mathbf{\Delta s = \Delta s_y / \sin\alpha}$$

$$\mathbf{\Delta s^2 = \Delta s_x^2 + \Delta s_y^2} \quad \rightarrow \quad \mathbf{\Delta s = \sqrt{\Delta s_x^2 + \Delta s_y^2}}$$

Die Addition und Subtraktion zweier Vektoren veranschaulicht **Abbildung 2-6**. Zeichnerisch wird bei der konventionellen Darstellung der Fuß des Vektors $\vec{v}_2$ an die Spitze des Vektors $\vec{v}_1$ gefügt. Der Summenvektor verläuft dann vom Fuß des Vektors $\vec{v}_1$ zur Spitze des Vektors $\vec{v}_2$

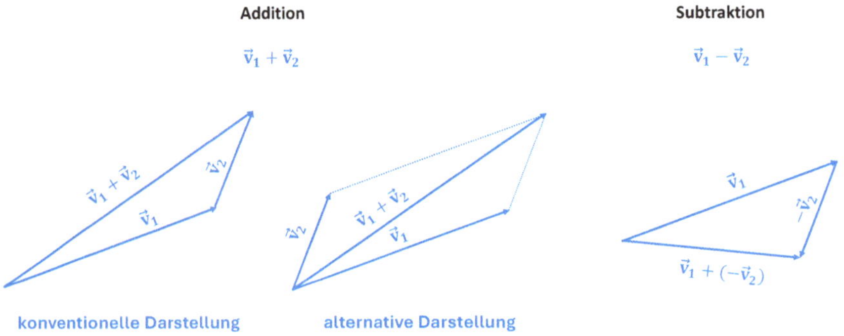

Abbildung 2-6: Addition und Subtraktion von zwei Vektoren

Für die Addition zweier Vektoren gibt es auch eine alternative Darstellung, bei der die Füße der beiden Vektoren $\vec{v}_1$und $\vec{v}_2$sowie des Summenvektors beisammen liegen. Die Spitze des Summenvektors liegt dann im Schnittpunkt von zwei zum Vektor $\vec{v}_1$bzw. $\vec{v}_2$parallelen Geraden, welche jeweils die Spitze der zugehörigen Vektoren $\vec{v}_1$ bzw. $\vec{v}_2$schneiden.

Bei der Subtraktion zweier Vektoren wird an die Spitze des Vektors $\vec{v}_1$ der Fuß des in die negative Richtung zeigenden Vektors -$\vec{v}_2$ angefügt. Analog zur Addition verläuft dann der resultierende Summenvektor $\vec{v}_1 + (-\vec{v}_2)$ vom Fuß des Vektors $\vec{v}_1$ zur Spitze des Vektors $-\vec{v}_2$.

Beispiel 2.3.1

Ein Körper bewegt sich mit der kontanten Geschwindigkeit $\vec{v} = 5\,\mathrm{m/s}$ in der x,y-Ebene unter dem Winkel $\alpha = 30°$ zur x-Achse.
Zum Zeitpunkt $t_0 = 0$ s sind seine Ortskoordinaten $x_0 = 1$ m und $y_0 = 1$ m.

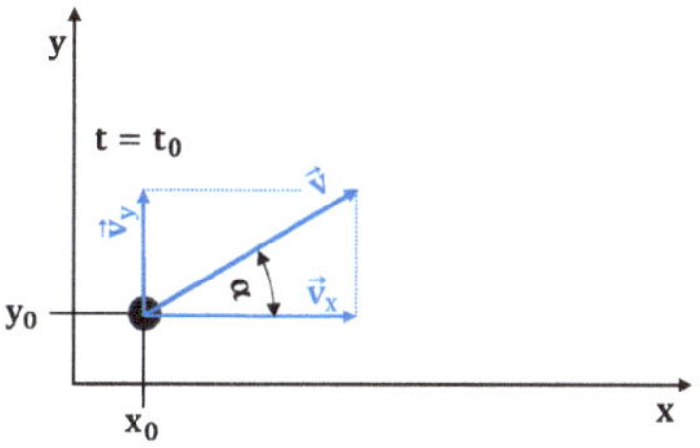

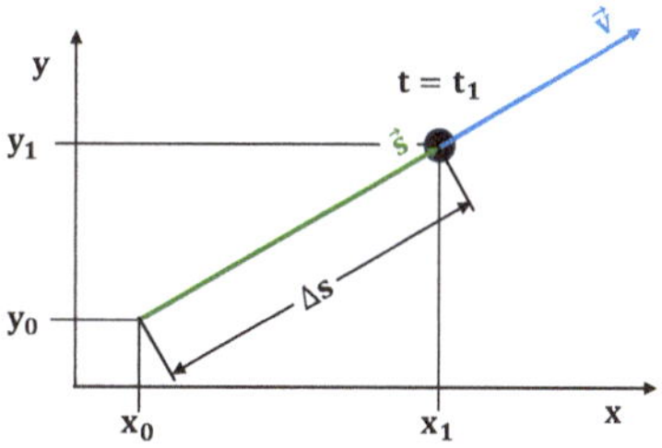

a) Wie groß sind seine Ortskoordinaten zum Zeitpunkt $t_1 = 5$ s?
b) Wie groß ist der in der Zeitspanne $\Delta t = t_1 - t_0$ zurückgelegte Weg Δs?

a)

$$v_x = v \cdot \cos\alpha$$

$$\Delta x = x_1 - x_0 = v_x \cdot (t_1 - t_0) = v \cdot \cos\alpha \cdot (t_1 - t_0)$$
$$\Delta x = 5\,\frac{m}{s} \cdot \cos 30° \cdot 5\,s = 21{,}6506\,m$$

$$v_y = v \cdot \sin\alpha$$

$$\Delta y = y_1 - y_0 = v_y \cdot (t_1 - t_0) = v \cdot \sin\alpha \cdot (t_1 - t_0)$$
$$\Delta y = 5\,\frac{m}{s} \cdot \sin 30° \cdot 5\,s = 12{,}5\,m$$

b)
$$\Delta s = v \cdot \Delta t = v \cdot (t_1 - t_0) = 5\frac{m}{s} \cdot 5\,s = 25\,m$$

Alternativ ergibt die Anwendung des Satzes von Pythagoras:
$$\Delta s^2 = \Delta x^2 + \Delta y^2 \qquad \rightarrow \qquad \Delta s = \sqrt{\Delta x^2 + \Delta y^2}$$
$$\Delta s = \sqrt{21{,}6506^2 + 12{,}5^2}\,m = 25\,m$$

Aufgabe 2.3.1

Ein Körper bewegt sich mit der konstanten Geschwindigkeit $\vec{v}$ in der x,y-Ebene mit dem Winkel $\alpha = 60°$ zur x-Achse.
In der Zeitspanne $t_1 - t_0 = \Delta t = 10$ s hat er in x-Richtung den Weg $\Delta s_x = 50$ m zurückgelegt.

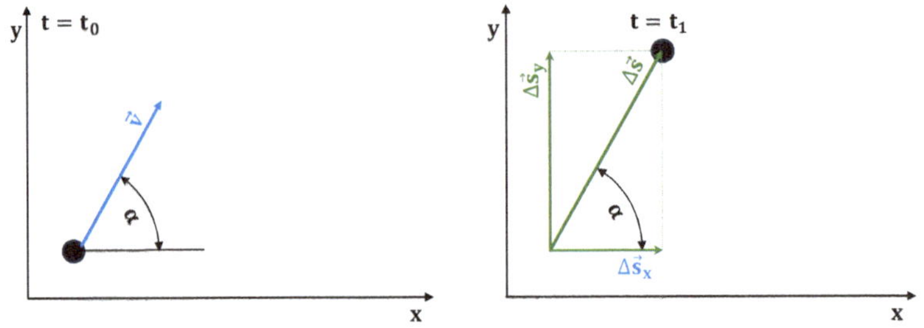

a) Wie groß ist der Betrag seiner resultierenden Geschwindigkeit $\vec{v}$?

b) Wie groß ist der Betrag der in der Zeitspanne Δt in y-Richtung zurückgelegten Wegkomponente $\Delta \vec{s}_y$?

c) Wie groß ist der Betrag des in der Zeitspanne Δt zurückgelegten resultieren Wegs $\Delta \vec{s}$?

Aufgabe 2.3.2

Ein von einer Dampflokomotive angetriebener historischer Zug fährt mit der konstanten Geschwindigkeit $\vec{v}_{Zug} = 54$ km/h geradeaus.
Exakt quer zu seiner Fahrtrichtung weht von rechts ein Wind mit konstanter Geschwindigkeit $\vec{v}_{Querwind}$.
In der Entfernung $d_x = 150$ m hinter dem Schornstein der Lokomotive hat die Rauchfahne den seitlichen Abstand $d_y = 40$ m zur Mittellinie des Zugs.

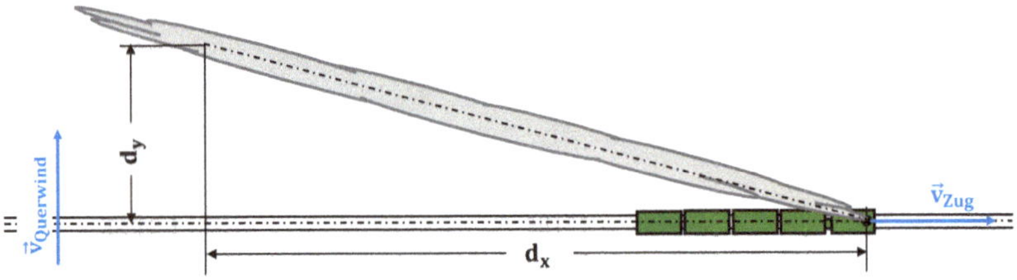

Welchen Betrag hat die Querwindgeschwindigkeit $v_{Querwind}$?

Aufgabe 2.3.3

Ein von einer Dampflokomotive angetriebener historischer Zug fährt mit der konstanten Geschwindigkeit $\vec{v}_{Zug}$ geradeaus.
Exakt quer zu seiner Fahrtrichtung weht von rechts ein Wind mit konstanter Geschwindigkeit $\vec{v}_{Querwind} = 4\ m/s$.
In der Entfernung $d_x = 150$ m hinter dem Schornstein der Lokomotive hat die Rauchfahne den seitlichen Abstand $d_y = 40$ m zur Mittellinie des Zugs.

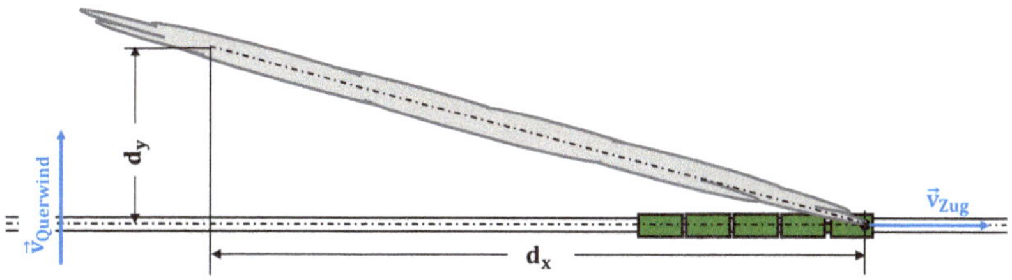

Welchen Betrag hat die Geschwindigkeit des Zugs v_{Zug}?

Aufgabe 2.3.4

Auf einer Schießvorrichtung ist ein Luftgewehr mit horizontal schwenkbarem Lauf montiert. Die Mündungsgeschwindigkeit seines Geschosses beträgt $v_{Geschoss} = 250\ m/s$. In der Entfernung $d = 25$ m zur Mündung des in Ausgangsstellung (Schwenkwinkel $\alpha_0 = 0°$) ausgerichteten Gewehrlaufs bewegt sich exakt rechtwinklig dazu ein Zielobjekt von links nach rechts mit konstanter Geschwindigkeit $v_{Ziel} = 15\ m/s$.
Der Schuss wird zum Zeitpunkt t_0 ausgelöst, wenn sich das Zielobjekt genau vor der Mündung des Laufs befindet.

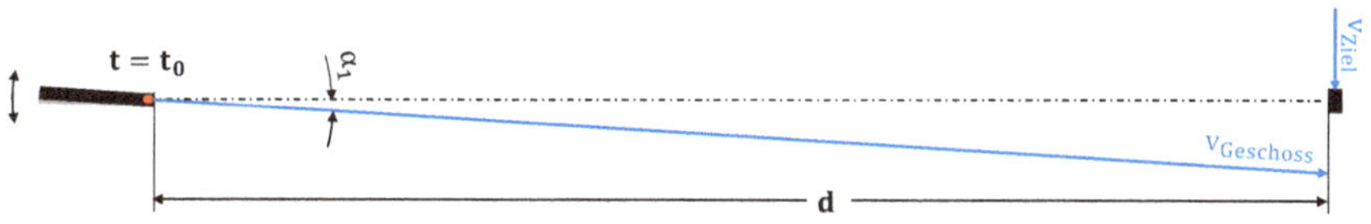

Um jedoch das bewegte Zielobjekt zum Zeitpunkt t_1 tatsächlich exakt zu treffen, muss zuvor der Lauf um den Vorhaltewinkel α_1 nach rechts geschwenkt werden. Wie groß ist dieser Winkel?
Es sei angenommen, dass die Geschwindigkeit des Geschosses bis zum Erreichen des Zielobjekts konstant ist (Vernachlässigung des Luftwiderstands).

2.4 Durchschnittsgeschwindigkeit

Werden Wegabschnitte mit unterschiedlichen Geschwindigkeiten zurückgelegt, ergibt sich die Durchschnittsgeschwindigkeit als Quotient aus der insgesamt zurückgelegten Wegstrecke Δs_{ges} und der dafür benötigten Gesamtzeit Δt_{ges}:

$$\bar{v} = \frac{\Delta s_{ges}}{\Delta t_{ges}} = \frac{\Delta s_1 + \Delta s_2 + \cdots + \Delta s_n}{\Delta t_1 + \Delta t_2 + \cdots + \Delta t_n}$$

Für eine Bewegung aus zwei aufeinanderfolgenden Abschnitten mit jeweils konstanter Geschwindigkeit zeigt **Abbildung 2-7** das Geschwindigkeits-Zeit- und das Weg-Zeit-Diagramm.

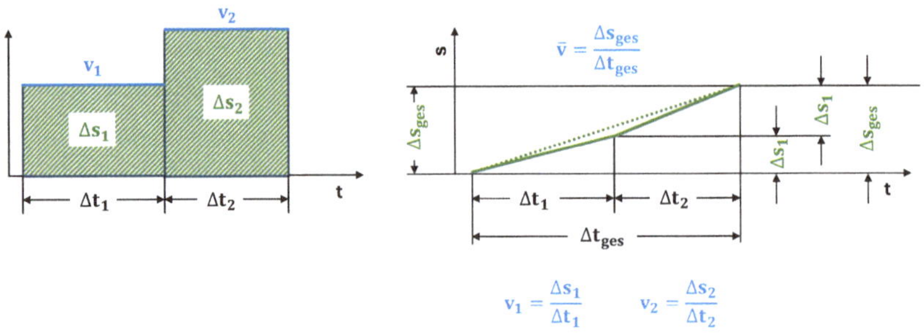

Abbildung 2-7: Darstellung einer Bewegung mit abschnittsweise konstanten Geschwindigkeiten im Geschwindigkeits-Zeit- und Weg-Zeit-Diagramm

Beispiel 2.4.1

Ein Radfahrer fährt während einer Zeitdauer von $\Delta t_1 = t_1 - t_0 = 10$ min auf ebener Strecke mit der konstanten Geschwindigkeit $v_1 = 18$ km/h.
Im direkten Anschluss fährt er während der Zeitdauer $\Delta t_2 = t_2 - t_1 = 6$ min mit der konstanten Geschwindigkeit $v_2 = 27$ km/h bergab. Wie groß ist seine Durchschnittsgeschwindigkeit $\bar{v}$ während der Zeitdauer $\Delta t_{ges} = t_2 - t_0$?
Verlangt ist die Angabe in km/h.

Zurückgelegte Wegabschnitte:

$$\Delta s_1 = v_1 \cdot \Delta t_1 = \frac{18}{3{,}6}\ \frac{\text{m}}{\text{s}} \cdot 10 \cdot 60\ \text{s} = 3.000\ \text{m}$$

$$\Delta s_2 = v_2 \cdot \Delta t_2 = \frac{27}{3{,}6}\ \frac{\text{m}}{\text{s}} \cdot 6 \cdot 60\ \text{s} = 2.700\ \text{m}$$

Durchschnittsgeschwindigkeit:

$$\bar{v} = \frac{\Delta s_1 + \Delta s_2}{\Delta t_1 + \Delta t_2} = \frac{(3.000 + 2.700)}{(10 + 6) \cdot 60}\ \frac{\text{m}}{\text{s}} = 5{,}939\ \text{m/s} = 5{,}939 \cdot 3{,}6\ \text{km/h}$$

$$\bar{v} = 21{,}375\ \text{km/h}$$

Aufgabe 2.4.1

Ein Pkw fährt von A nach B insgesamt $\Delta s_{A-B} = 500$ km weit.
Dabei betragen die Teilstrecken $\Delta s_1 = 90$ km, $\Delta s_2 = 200$ km und $\Delta s_3 = 210$ km.
Die zugehörigen Durchschnittsgeschwindigkeiten betragen $\bar{v}_1 = 250$ km/h, $\bar{v}_2 = 160$ km/h und $\bar{v}_3 = 120$ km/h.
Zudem macht der Fahrer Pausen mit der Gesamtdauer $\Delta t_{Pause} = 30$ min.

a) Wie groß ist die Durchschnittsgeschwindigkeit $\bar{v}_{Fahr}$ für die reine Fahrdauer $\Delta t_{Fahr} = \Delta t_1 + \Delta t_2 + \Delta t_3$?

b) Wie groß ist die Durchschnittsgeschwindigkeit $\bar{v}_{A-B}$ für die gesamte Dauer der Fahrt einschließlich Pausen $\Delta t_{A-B} = \Delta t_{Fahr} + \Delta t_{Pause}$?

Aufgabe 2.4.2

Ein Lkw fährt vom Start bis zum Ziel insgesamt $\Delta s_{ges} = 120$ km weit.
Zunächst fährt er die Strecke $\Delta s_1 = 90$ km
mit der Durchschnittsgeschwindigkeit $\bar{v}_1 = 40$ km/h.
Anschließend macht der Fahrer eine Pause mit der Dauer $\Delta t_{Pause} = 10$ min.
Danach fährt er die Strecke $\Delta s_2 = 30$ km
mit der Durchschnittsgeschwindigkeit $\bar{v}_2 = 60$ km/h.

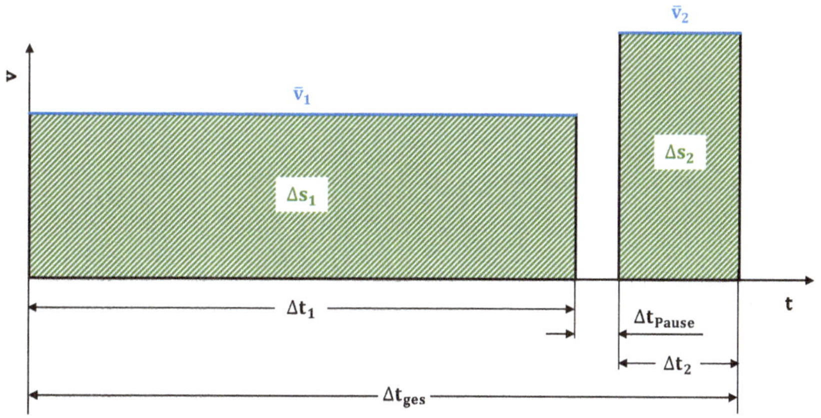

a) Wie lange dauert die gesamte Fahrt (einschließlich der Pause)?
Verlangt ist die Angabe in h und min.

b) Wie groß ist die Durchschnittsgeschwindigkeit $\bar{v}_{ges}$ für die gesamte Fahrt (einschließlich der Pause)?
Verlangt ist die Angabe in km/h.

Aufgabe 2.4.3

Ein Lkw fährt vom Start bis zum Ziel insgesamt $\Delta s_{ges} = 120$ km weit.
Zunächst fährt er die Strecke $\Delta s_1 = 90$ km
mit der Durchschnittsgeschwindigkeit $\bar{v}_1 = 40\ \text{km/h}$.
Anschließend macht der Fahrer eine Pause mit der Dauer Δt_{Pause}.
Danach fährt er die Strecke $\Delta s_2 = 30$ km
mit der Durchschnittsgeschwindigkeit $\bar{v}_2 = 60\ \text{km/h}$.
Bezogen auf die gesamte Fahrtstrecke $\Delta s_{ges} = \Delta s_1 + \Delta s_2$
beträgt die Durchschnittsgeschwindigkeit $\bar{v}_{ges} = 40\ \text{km/h}$.

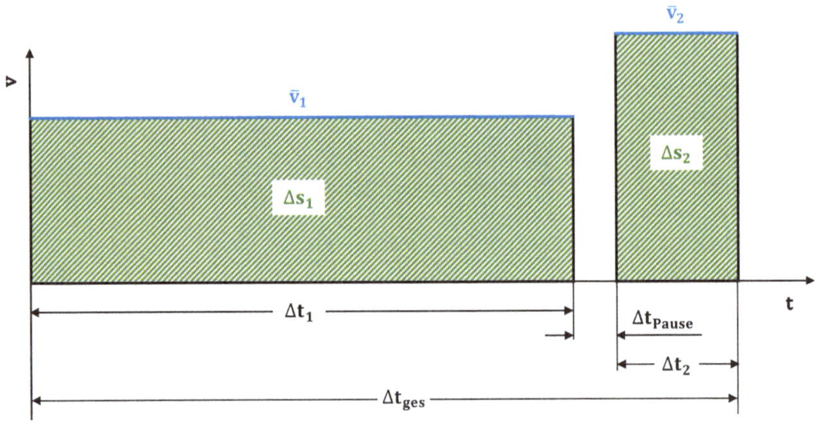

Wie lange war die Pausenzeit Δt_{Pause}?

Aufgabe 2.4.4

Ein Lkw fährt insgesamt $\Delta s_{ges} = 120$ km weit und erreicht nach
$\Delta t_{ges} = 2$ h 55 min das Ziel. Zunächst fährt er die Strecke Δs_1
mit der Durchschnittsgeschwindigkeit $\bar{v}_1 = 40\ \text{km/h}$.
Anschließend macht der Fahrer eine Pause mit der Dauer $\Delta t_{Pause} = 10$ min.
Abschließend fährt er die Strecke Δs_2
mit der Durchschnittsgeschwindigkeit $\bar{v}_2 = 60\ \text{km/h}$.
Wie groß sind die beiden Teilstrecken Δs_1 und Δs_1?
Verlangt ist die Angabe in km.

Aufgabe 2.4.5

Die Drehzahl der Kurbelwelle eines Hubkolbenmotors beträgt $n = 3.600$ in einer Zeitspanne von $\Delta t = 1$ min.
Der Kolbenhub beträgt $\Delta s_{Hub} = 69$ mm.

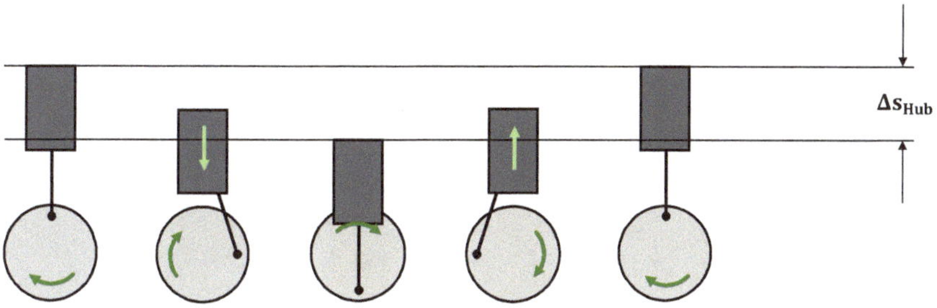

Wie groß ist die mittlere Hubgeschwindigkeit des Kolbens $\bar{v}_{Kolben}$?
Verlangt ist die Angabe in m/s und km/h.

Aufgabe 2.4.6

Eine Uhr benötigt die Zeitdauer $\Delta t_{1-6} = 6{,}0$ s zwischen dem ersten und dem sechsten Schlag, um mit gleichbleibender Geschwindigkeit „6“ zu schlagen.

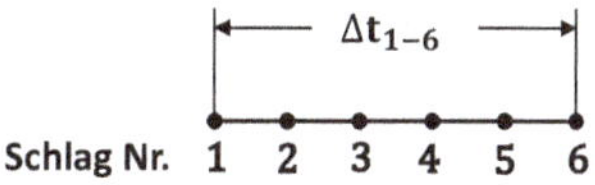

Wie groß ist die Zeitdauer Δt_{1-12}, welche die Uhr ab dem Ertönen des ersten Schlags benötigt um „12“ zu schlagen?

2.5 Grundlagen der Bewegung mit konstanter Beschleunigung

Ändert sich im Zeitintervall von $t = t_0$ bis $t = t_1$ die Geschwindigkeit v mit der Beschleunigung a, gilt der Zusammenhang

$$\mathbf{v(t) = v_0 + \int_{t_0}^{t_1} a(t)\,dt}$$

Mit konstanter Beschleunigung folgt daraus

$$\mathbf{v(t) = v_0 + a \cdot \int_{t_0}^{t_1} dt = v_0 + a\,(t_1 - t_0)}$$

Der zurückgelegte Weg s ergibt sich aus dem Integral

$$\mathbf{s(t) = s_0 + \int_{t_0}^{t_1} v(t) \cdot dt = s_0 + \int_{t_0}^{t_1} [v_0 + a \cdot (t_1 - t_0)]\,dt}$$

$$s(t) = \mathbf{s_0 + v_0 \cdot (t_1 - t_0) + \frac{a}{2} \cdot (t_1 - t_0)^2}$$

Zudem gibt es die sogenannte zeitfreie Gleichung

$$\mathbf{v = \sqrt{v_0^2 + 2 \cdot a \cdot (s_1 - s_0)}}$$

Wird allein die Änderung des Wegs Δs bzw. der Geschwindigkeit Δv in einem bestimmten Zeitintervall Δt betrachtet, gelten entsprechende Formeln, z. B.

$$\mathbf{\Delta v = a \cdot \Delta t}$$

$$\mathbf{\Delta s = s_0 + v_0 \cdot \Delta t + \frac{a}{2} \cdot \Delta t^2}$$

$$\mathbf{\Delta v = \sqrt{v_0^2 + 2 \cdot a \cdot \Delta s}}$$

Häufig beginnt eine kinematische Betrachtung zum Zeitpunkt $t_0 = 0$ und es wird dann $\Delta t \equiv t$ gesetzt, woraus z. B. die Formel $v = a \cdot t$ ensteht.

Wie in **Abbildung 2-8** dargestellt ergibt sich die Geschwindigkeit im Beschleunigungs-Zeit-Diagramm als Rechteckfläche unter der zur Zeitachse parallel verlaufenden Beschleunigungs-Geraden. Im Geschwindigkeits-Zeit-Diagramm entspricht das einer Geschwindigkeits-Geraden mit der Steigung a. Mit $t_0 = 0$, und $\Delta t \equiv t$ ergeben sich die in der Tabelle dargestellten Formeln zur Berechnung von Wegen, Geschwindigkeiten und Zeiten bei beschleunigter Bewegung mit v_0 als Anfangswert der Geschwindigkeit.

Bei verzögerten Bewegungen sind die Beträge der Beschleunigung negativ ($a < 0$). Auch dann gelten die in **Abbildung 2-8** enthaltenen Formeln, insbesondere für kinematische Betrachtungen mit beschleunigten und verzögerten Bewegungsabschnitten. Werden jedoch nur verzögerte Bewegungen (z. B. Bremsvorgänge) betrachtet, rechnet man auch häufig mit positiven Verzögerungswerten, wobei als deren Formelzeichen ebenfalls a verwendet wird. Dafür gelten die in **Abbildung 2-9** enthaltenen Formeln.

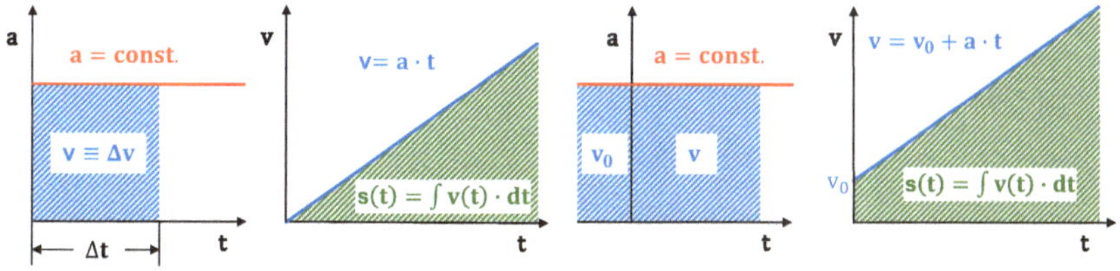

Weg s	$s = v_0 \cdot t + \frac{1}{2} \cdot a \cdot t^2$	$s = \frac{1}{2} \cdot t \cdot (v_0 + v)$	$s = \frac{v^2 - v_0^2}{2 \cdot a}$
Geschwindigkeit v	$v = v_0 + a \cdot t$	$v = \sqrt{v_0^2 + 2\,a \cdot s}$	-
Zeit t	$t = \frac{v - v_0}{a}$	$t = \frac{2 \cdot s}{v_0 + v}$	-
Beschleunigung a	$a = \frac{v - v_0}{t}$	$a = \frac{v^2 - v_0^2}{2 \cdot s}$	$a = \frac{2 \cdot (s - v_0 \cdot t)}{t^2}$

Abbildung 2-8: Formeln für Bewegungen mit konstanter Beschleunigung a

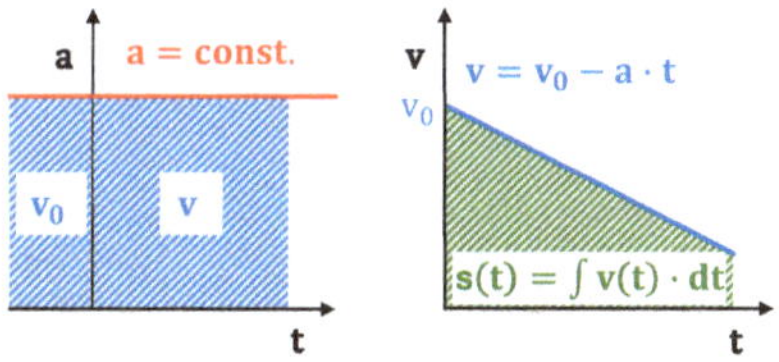

Weg s	$s = v_0 \cdot t - \frac{1}{2} \cdot a \cdot t^2$	$s = \frac{1}{2} \cdot t \cdot (v_0 + v)$	$s = \frac{v_0^2 - v^2}{2 \cdot a}$
Geschwindigkeit v	$v = v_0 - a \cdot t$	$v = \sqrt{v_0^2 - 2 \cdot a \cdot s}$	-
Zeit t	$t = \frac{v_0 - v}{a}$	$t = \frac{2 \cdot s}{v_0 + v}$	-
Verzögerung a	$a = \frac{v_0 - v}{t}$	$a = \frac{v_0^2 - v}{2 \cdot s}$	$a = \frac{2 \cdot (v_0 \cdot t - s)}{t^2}$

Abbildung 2-9: Formeln für Bewegungen mit konstanter Verzögerung a

Im Weg-Zeit-Diagramm entsteht bei Bewegung mit konstanter Beschleunigung eine progressiv ansteigende Kurve, während bei Bewegung mit konstanter Verzögerung und Ausgangsgeschwindigkeit $v_0 > 0$ die entsprechende Kurve zunächst degressiv ansteigt (Vorwärtsbewegung) bis die Geschwindigkeit den Wert $v = 0$ (Stillstand) erreicht. Anschließend erfolgt bei weiterhin wirkender Verzögerung eine Bewegungsumkehr (Rückwärtsbewegung mit v < 0) mit progressiv fallender Kurve, **Abbildung 2-10**.

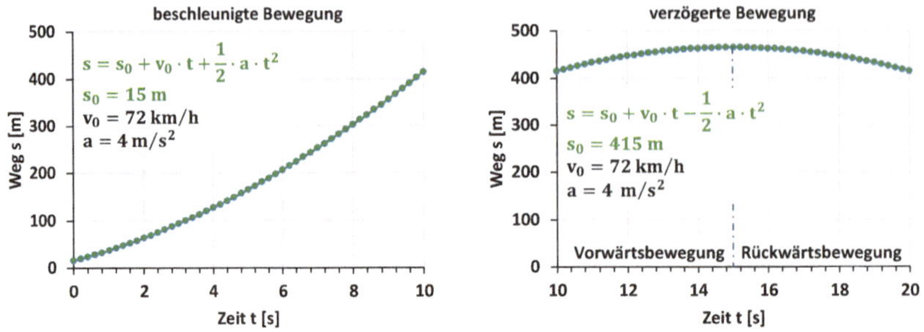

Abbildung 2-10: Beschleunigte und verzögerte Bewegung im Weg-Zeit-Diagramm

Im Geschwindigkeits-Weg-Diagramm entsteht bei Bewegung mit konstanter Geschwindigkeit eine zur Abszisse parallele Geschwindigkeitsgerade (v = const.), während sich mit konstanter Beschleunigung eine degressiv ansteigende Geschwindigkeitskurve ($v = \sqrt{v_0^2 + 2 \cdot a \cdot s}$) und bei verzögerter Bewegung eine progressiv fallende Kurve ($v = \sqrt{v_0^2 - 2 \cdot a \cdot s}$) entsteht, **Abbildung 2-11**.

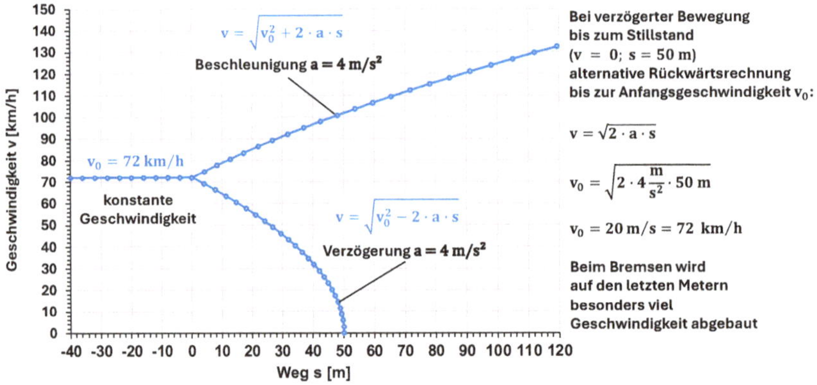

Abbildung 2-11: Geschwindigkeits-Weg-Diagramm für eine Bewegung mit zunächst konstanter Geschwindigkeit und anschließend beschleunigter bzw. verzögerter Bewegung

Aus der Stillstandsposition (v = 0) heraus ist eine Rückwärtsrechnung mit den entsprechenden Formeln für die beschleunigte Bewegung bis hin zur Anfangsgeschwindigkeit v_0 möglich, z. B. $v = \sqrt{2 \cdot a \cdot s}$, **Abbildung 2-12.**

Abbildung 2-12:
Veranschaulichung zur Rückwärtsrechnung einer verzögerten Bewegung aus dem Stillstand

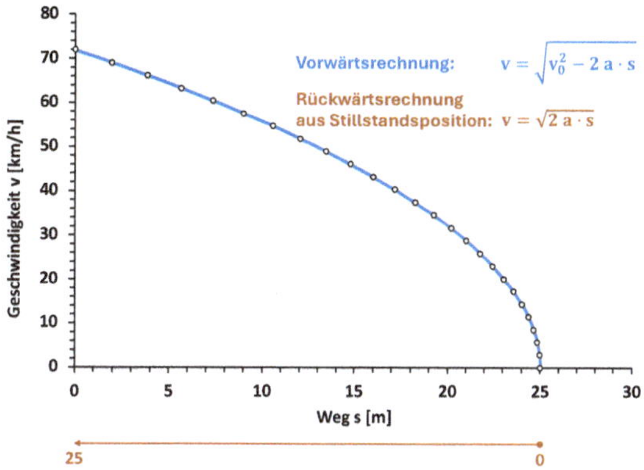

Beispiel 2.5.1

Ein Pkw fährt mit der Geschwindigkeit $v_0 = 72\ \mathrm{km/h}$ und erreicht zum Zeitpunkt $t = t_0$ eine quer zur Fahrtrichtung auf der Fahrbahn markierte Linie. Hier setzt unmittelbar die Beschleunigung $a = 2\ \mathrm{m/s^2}$ ein.

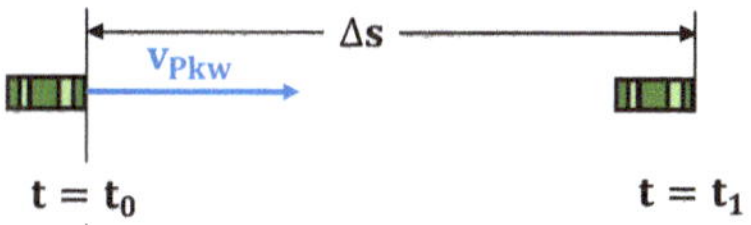

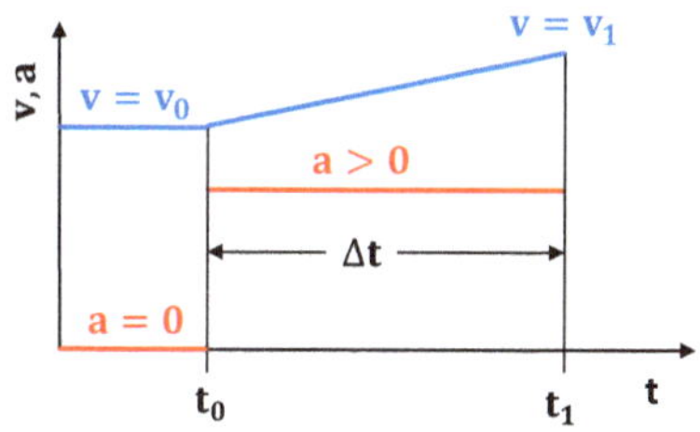

a) Wie groß ist die Geschwindigkeit v_1 des Pkws nach einer Zeitdauer von $\Delta t = t_1 - t_0 = 10$ s? Verlangt ist die Angabe in km/h.
b) Welche Wegstrecke Δs legt der Pkw in der Zeitdauer $\Delta t = t_1 - t_0 = 10$ s zurück?

a) $$v_1 = v_0 + a \cdot \Delta t = \frac{72}{3{,}6}\ \frac{\mathrm{m}}{\mathrm{s}} + 10\ \mathrm{s} \cdot 2\ \frac{\mathrm{m}}{\mathrm{s^2}} = 40\ \mathrm{m/s} = 144\ \mathrm{km/h}$$

b) $$\Delta s = v_0 \cdot \Delta t + \frac{1}{2} \cdot a \cdot \Delta t^2 = \frac{72}{3{,}6}\ \frac{\mathrm{m}}{\mathrm{s}} \cdot 10\ \mathrm{s} + \frac{2}{2}\ \frac{\mathrm{m}}{\mathrm{s^2}} \cdot 10^2\ \mathrm{s^2} = 300\ \mathrm{m}$$

Beispiel 2.5.2

Ein Fahrzeug fährt mit der Bremsausgangsgeschwindigkeit $v_B = 72\ \mathrm{km/h}$ und wird während der Bremsdauer Δt_B mit der Verzögerung $a = 8\ \mathrm{m/s^2}$ bis zum Stillstand gebremst. Wie lang ist der Bremsweg Δs_B?

Vorwärtsrechnung von Bremsbeginn bis Stillstand:

$$\Delta t_B = \frac{v_B}{a} = \frac{72\ \mathrm{m/s}}{3{,}6 \cdot 8\ \mathrm{m/s^2}} = 2{,}5\ \mathrm{s}$$

$$\Delta s_B = v_B \cdot \Delta t_B - \frac{a \cdot \Delta t_B^2}{2} = \frac{72\ \mathrm{m/s}}{3{,}6} \cdot 2{,}5\ \mathrm{s} - \frac{8\ \mathrm{m} \cdot 2{,}5^2\ \mathrm{s}^2}{2} = 25\ \mathrm{m}$$

Alternative Rückwärtsrechnung vom Stillstand bis zum Bremsbeginn:

$$v_B = \sqrt{2 \cdot 2 \cdot \Delta s_B} \quad \rightarrow \quad \Delta s_B = \frac{v_B^2}{2 \cdot a} = \frac{\left(\frac{72}{3{,}6}\right)^2\ \mathrm{m^2/s^2}}{2 \cdot 8\ \mathrm{m/s^2}} = 25\ \mathrm{m}$$

Aufgabe 2.5.1

Zwei Pkw (Pkw A und Pkw B) beschleunigen zum Zeitpunkt $t = t_0$ von gleicher Startlinie aus dem Stand auf die Geschwindigkeit $v_1 = 100\ \mathrm{km/h}$. Dazu benötigen sie die Zeitdauern $\Delta t_A = t_{1,A} - t_0 = 10\ \mathrm{s}$ bzw. $\Delta t_B = t_{1,B} - t_0 = 8\ \mathrm{s}$.

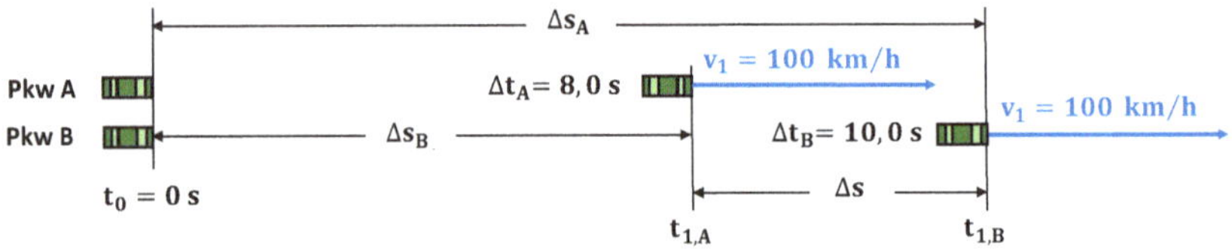

a) Wie groß sind die mittleren Beschleunigungen $\bar{a}_A$ und $\bar{a}_B$?

b) Wie groß ist die Wegdifferenz $\Delta s = \Delta s_A - \Delta s_B$ zwischen den Positionen, an denen die beiden Pkw jeweils die Geschwindigkeit v_1 erreicht haben?

Aufgabe 2.5.2

Der Fahrer eines Pkws steigert beim Durchfahren der Strecke $\Delta s = 125$ m seine Geschwindigkeit mit konstanter Beschleunigung a von $v_0 = 54{,}0$ km/h auf $v_1 = 100{,}8$ km/h.

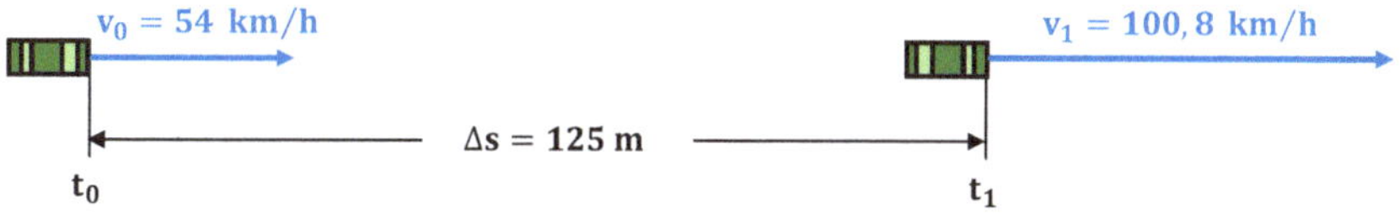

Wie groß ist die zum Durchfahren der Strecke Δs benötigte Zeit Δt und wie groß ist die Beschleunigung a?

Aufgabe 2.5.3

Ein Motorradfahrer beginnt zum Zeitpunkt t_0 beim Verlassen einer Ortschaft (direkt am Ortsausgangsschild) konstant zu beschleunigen.
Zum Zeitpunkt t_1 befindet er sich $\Delta s = 40$ m hinter dem Ortsausgangsschild.
Hier hat er die Geschwindigkeit $v_1 = 65$ km/h erreicht.
Die Zeitdauer $t_1 - t_0$ beträgt $\Delta t = 3{,}0$ s.

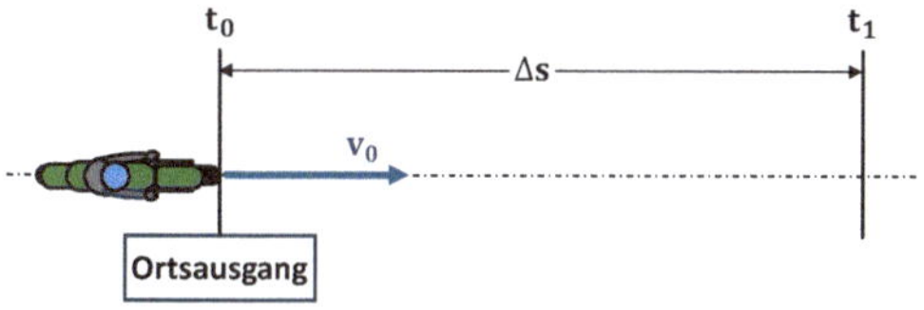

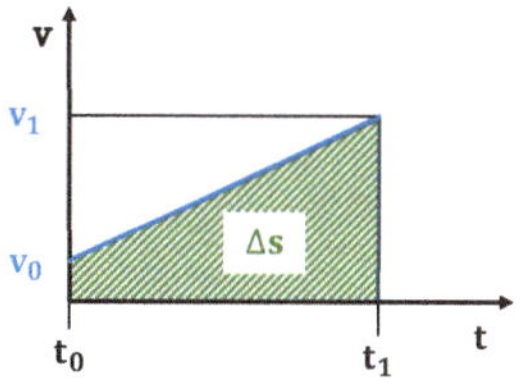

Wie groß war seine Geschwindigkeit v_0 am Ortsausgangsschild?

Aufgabe 2.5.4

Ein Pkw bremst in der Zeit Δt_B mit der konstanten Verzögerung $a = 6\ m/s^2$ bis zum Stillstand. Dabei legt er die Strecke $\Delta s_B = 45$ m zurück.

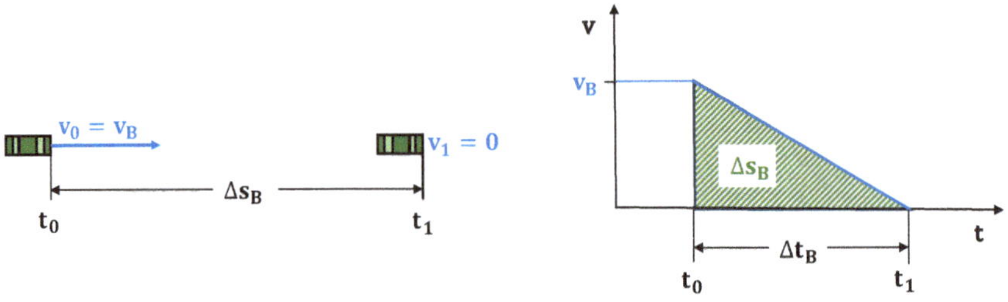

Wie groß sind die Bremszeit Δt_B und die Bremsausgangsgeschwindigkeit v_B? Verlangt ist der Geschwindigkeitswert in km/h.

Aufgabe 2.5.5

Ein Pkw startet zum Zeitpunkt $t_0 = 0$ s mit der konstanten Beschleunigung $a_{0-1} = 2\ m/s^2$ und erreicht zum Zeitpunkt $t_1 = 5$ s die Geschwindigkeit v_1. Anschließend fährt er im Zeitintervall von $\Delta t = t_2 - t_1 = 10$ s mit konstanter Geschwindigkeit weiter und bremst danach bis zum Stillstand zum Zeitpunkt $t_3 = 12$ s.

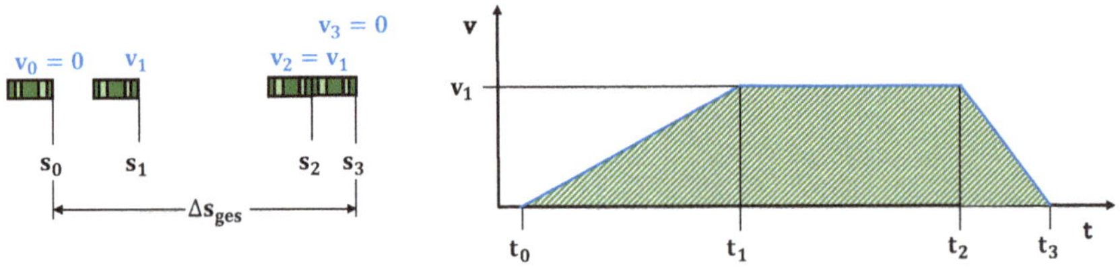

Wie groß ist der im Zeitintervall $\Delta t_{ges} = t_3 - t_0$ zurückgelegte Weg Δs_{ges}?

2.6 Freier Fall und senkrechter Wurf

Im freien Fall wirkt auf einen Körper allein die Erdbeschleunigung g in Richtung des Erdmittelpunkts. In der Regel wird dabei der Luftwiderstand vernachlässigt. Somit bewegt sich der Körper nach unten und es gelten die Formeln für Bewegung mit konstanter Beschleunigung ($a = g$), **Abbildung 2-13**. Die Erdbeschleunigung g wird auch als Fallbeschleunigung bezeichnet. Ursache ist die Gravitationskraft und ihr Betrag hängt von der Position auf der Erdoberfläche ab. An den Polen ist die Erdbeschleunigung größer ($g \approx 9{,}78\ \mathrm{m/s^2}$) als am Äquator ($g \approx 9{,}83\ \mathrm{m/s^2}$). Im Jahr 1901 wurde auf der dritten Generalkonferenz für Maß und Gewicht als mittlerer Standardwert $1\ g = 9{,}80665\ \mathrm{m/s^2}$ festgelegt. Meist wird in der Praxis mit $1\ g = 9{,}81\ \mathrm{m/s^2}$ gerechnet.

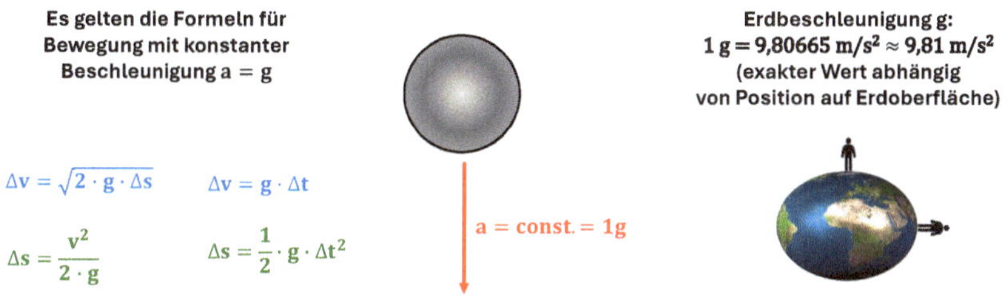

Abbildung 2-13: Freier Fall

Beim senkrechten Wurf wirkt ebenfalls permanent die Erdbeschleunigung g nach unten, wobei der senkrecht nach unten oder oben geworfene Körper zu Beginn eine Anfangsgeschwindigkeit v_0 hat, **Abbildung 2-14**.

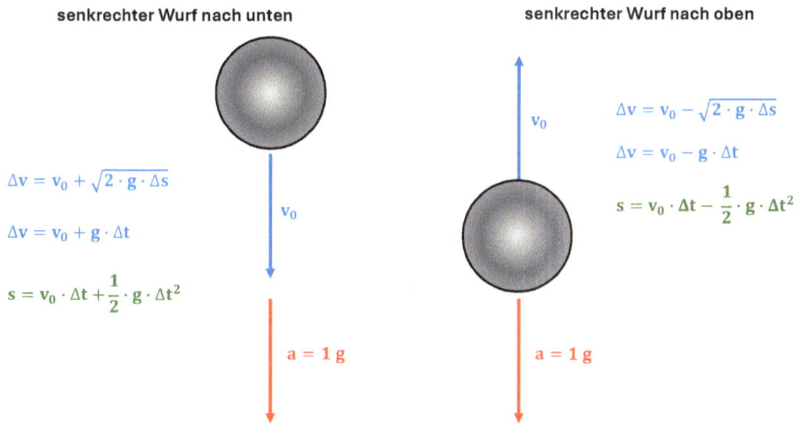

Abbildung 2-14: Senkrechter Wurf

Beispiel 2.6.1

Eine Kugel beginnt im luftleeren Raum zum Zeitpunkt $t_0 = 0$ s nach unten zu fallen.

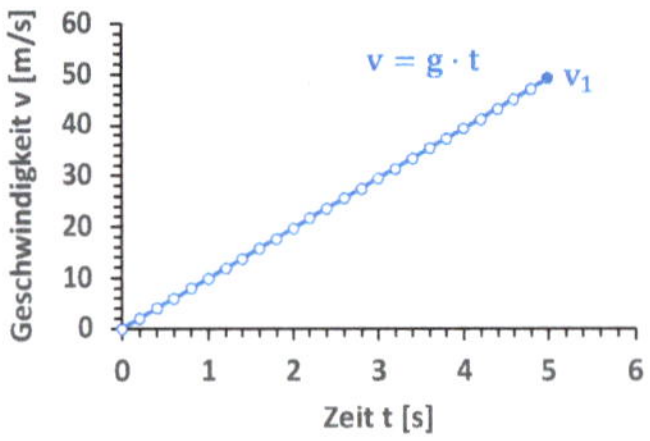

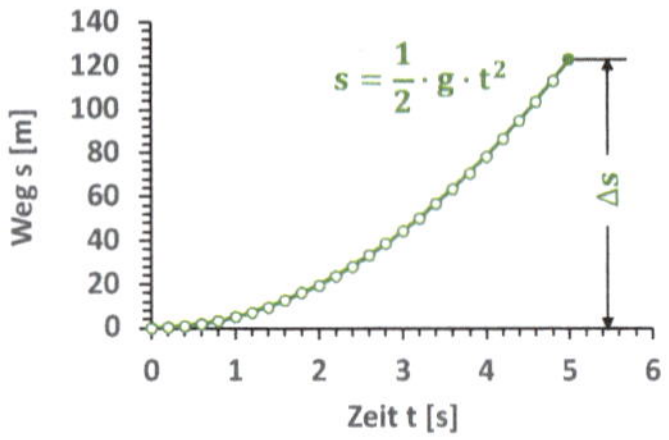

Wie groß ist ihre Geschwindigkeit v_1 zum Zeitpunkt $t_1 = 5$ s und wie groß ist die bis dahin zurückgelegte Fallstrecke Δs?

$$v_1 = g \cdot (t_1 - t_0) = g \cdot \Delta t = 9{,}81\ \frac{m}{s^2} \cdot 5\ s = 49{,}05\ m/s$$

$$\Delta s = \frac{1}{2} \cdot g \cdot \Delta t^2 = \frac{1}{2} \cdot 9{,}81 \frac{m}{s^2} \cdot 5^2\ s^2 = 122{,}625\ m$$

Beispiel 2.6.2

Eine Kugel wird im luftleeren Raum zum Zeitpunkt t_0 senkrecht nach oben geschossen. Die Anfangsgeschwindigkeit beträgt $v_0 = 200\ m/s$.

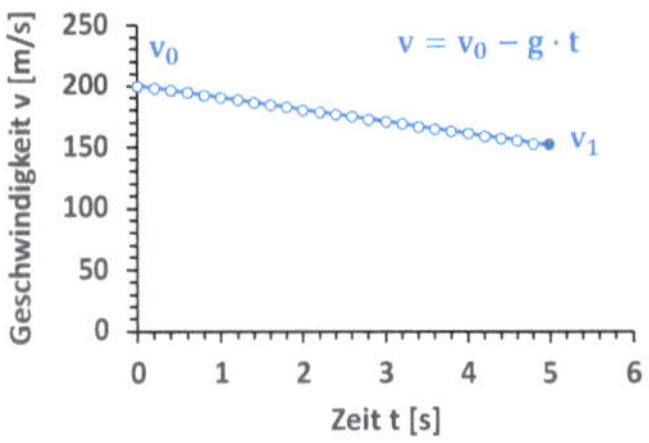

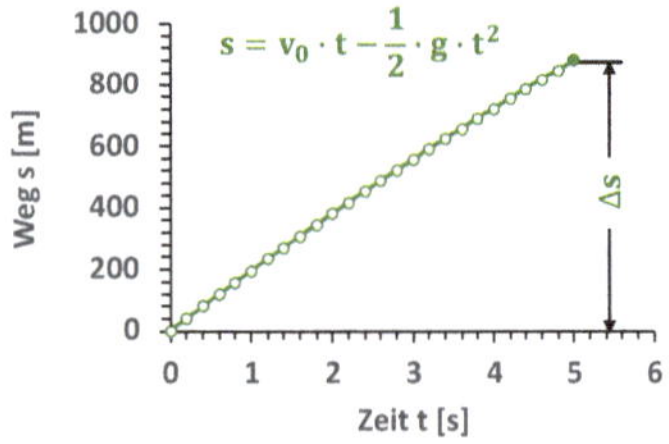

Wie groß ist ihre Geschwindigkeit v_1 zum Zeitpunkt $t_1 = 5$ s und wie groß ist die bis dahin zurückgelegte Steigstrecke Δs?

$$v_1 = v_0 - g \cdot (t_1 - t_0) = v_0 - g \cdot \Delta t = 200\ \frac{m}{s} - 9{,}81\ \frac{m}{s^2} \cdot 5\ s = 150{,}95\ m/s$$

$$\Delta s = v_0 \cdot \Delta t - \frac{1}{2} \cdot g \cdot \Delta t^2 = 200\ \frac{m}{s} \cdot 5\ s - \frac{1}{2} \cdot 9{,}81 \frac{m}{s^2} \cdot 5^2\ s^2 = 877{,}375\ m$$

Aufgabe 2.6.1

Ein Körper beginnt zum Zeitpunkt $t_0 = 0$ s im luftleeren Raum frei zu fallen.

a) Wie groß ist seine Geschwindigkeit v_1 zum Zeitpunkt $t_1 = 2$ s?
b) Wie groß ist seine Geschwindigkeit v_2 zum Zeitpunkt $t_2 = 10$ s?
c) Welche Wegstrecke $\Delta s = s_2 - s_1$ legt der Körper zwischen den Zeitpunkten t_1 und t_2 zurück?

Aufgabe 2.6.2

Welche Wegstrecke Δs legt ein Körper während der neunten Sekunde seines freien Falls zurück?

Aufgabe 2.6.3

Galileo Galilei hat sich mehrfach experimentell mit dem freien Fall befasst. Bei einem Versuch ließ er an einer senkrechten Schnur befestigte Kugeln zu Boden fallen. Den Abstand dieser Kugeln hatte er so eingestellt, dass die Zeitdauern Δt zwischen den nacheinander folgenden Aufprallen auf dem Boden jeweils gleich waren.
Wie groß muss die Anfangshöhe h_0 der ersten Kugel beim Loslassen einer solchen Schnur sein, damit der erste Aufprall auf dem Boden nach $\Delta t = 0{,}1$ s erfolgt?
Wie groß sind die Abstände l_{1-2}, l_{2-3}, und l_{3-4} von vier Kugeln einzustellen, wenn zwischen deren Aufprallen jeweils die gleiche Zeitdauer $\Delta t = 0{,}1$ s vergehen soll?

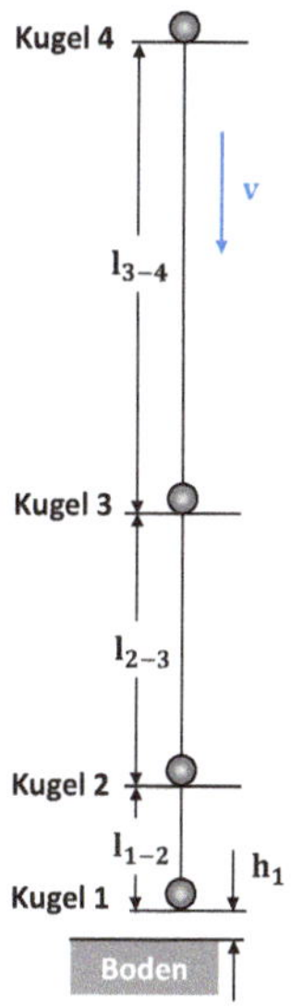

Aufgabe 2.6.4

Eine Kugel verlässt die Mündung eines senkrecht nach oben gerichteten Gewehrlaufs mit der Geschwindigkeit $v_0 = 2.880$ km/h.

a) Wie groß ist die Zeitdauer Δt_{steig} bis zum Erreichen der maximalen Steighöhe h_{max} der Kugel?
b) Wie groß ist die maximale Steighöhe h_{max} der Kugel?
c) Welchen Betrag hat die Geschwindigkeit v_2 der zurückfallenden Kugel in der Höhe $h_2 = 10.000$ m über der Mündung des Gewehrlaufs? Verlangt ist der Geschwindigkeitsbetrag in km/h.

2.7 Waagerechter und schräger Wurf

Der waagerechte Wurf ist die Überlagerung einer horizontalen Bewegung mit konstanter Geschwindigkeit $v_x > 0$ (Abwurfgeschwindigkeit) sowie einem freien Fall mit der Erdbeschleunigung g und der Anfangsgeschwindigkeit $v_0 = 0$. Der Wurf beginnt in der Regel bei $t = 0$ s sowie $s_x = 0$ m und $s_y = 0$ m, wobei die x-Achse in Wurfrichtung (hier nach rechts) und die y-Achse nach unten zeigt, so dass die Werte für beide Koordinaten positiv sind **Abbildung 2-15**. Die Bahnkurve ist eine Parabel (Wurfparabel).

Zum gleichen Zeitpunkt t ergibt sich für die Horizontalbewegung:

$$\mathbf{s_x = v_x \cdot t \qquad v_x = const.}$$

und für die Vertikalbewegung:

$$\mathbf{s_y = \frac{1}{2} \cdot g \cdot t^2 \qquad v_y = g \cdot t}$$

Die resultierende Geschwindigkeit $\vec{v}_{res}$ ist die Vektorsumme aus Horizontalgeschwindigkeit $\vec{v}_x$ und Vertikalgeschwindigkeit $\vec{v}_y$.

$$\mathbf{\vec{v}_{res} = \vec{v}_x + \vec{v}_y \qquad v_{res} = \sqrt{v_x^2 + v_y^2}.}$$

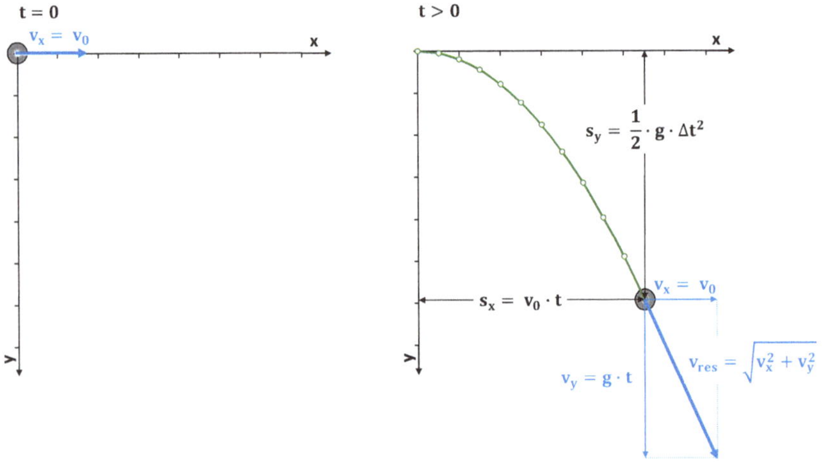

Abbildung 2-15: Waagerechter Wurf

Beim schrägen Wurf verläuft die resultierende Abwurfgeschwindigkeit $\vec{v}_0$ nicht horizontal, sondern ist um den Winkel α schräg nach oben oder unten gerichtet, **Abbildung 2-16**. Hierbei zeigt die x-Achse in Wurfrichtung (hier nach rechts) und die y-Achse entweder nach oben oder nach unten. Bei nach unten gerichteter y-Achse gelten die folgenden Formeln für die Horizontalgeschwindigkeit v_x und die Vertikalgeschwindigkeit v_y:

$$v_x = v_{0,x} = const. = v_0 \cdot \cos\alpha$$

Schräger Wurf nach unten:

$$v_y = v_{0,y} + g \cdot t = v_0 \cdot \sin\alpha + g \cdot t$$

Schräger Wurf nach oben:

$$v_y = -v_{0,y} + g \cdot t = -v_0 \cdot \sin\alpha + g \cdot t$$

Entsprechend ergeben sich die zurückgelegten Wege s_x und s_y in horizontaler bzw. vertikaler Richtung:

$$s_x = v_{0,x} \cdot t = v_0 \cdot \cos\alpha \cdot t$$

Schräger Wurf nach unten:

$$s_y = v_{0,y} \cdot t + \frac{1}{2} \cdot g \cdot t^2 = v_0 \cdot \sin\alpha \cdot t + \frac{1}{2} \cdot g \cdot t^2$$

Schräger Wurf nach oben:

$$s_y = -v_{0,y} \cdot t + \frac{1}{2} \cdot a \cdot t^2 = -v_0 \cdot \sin\alpha \cdot t + \frac{1}{2} \cdot a \cdot t^2$$

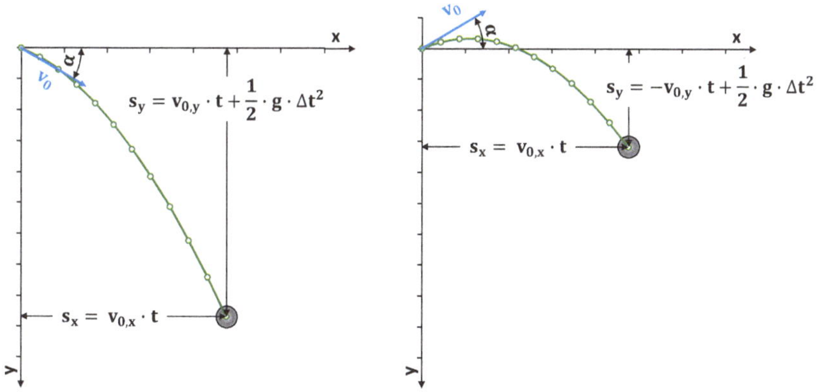

Abbildung 2-16: Schräger Wurf nach unten bzw. oben

Für Berechnungen mit großer Anfangsgeschwindigkeit, z. B. von ballistischen Flugbahnen (schräger Wurf nach oben), kann die Richtung der y-Achse auch nach oben gerichtet sein. Dann ändert sich das zugehörige Vorzeichen und es gilt

$$\mathbf{v_y = v_{0,y} - g \cdot t = v_0 \cdot \sin\alpha - g \cdot t}$$

$$\mathbf{s_y = v_{0,y} \cdot t - \frac{1}{2} \cdot a \cdot t^2 = v_0 \cdot \sin\alpha \cdot t - \frac{1}{2} \cdot a \cdot t^2}$$

Beispiel 2.7.1

Ein Geschoss verlässt den Lauf einer Haubitze mit der Mündungsgeschwindigkeit $v_0 = 981\ \text{m/s}$ (3.531,60 km/h). Der Lauf ist um den Winkel $\alpha = 30°$ nach oben gerichtet.

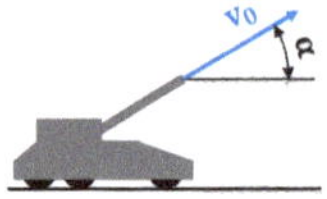

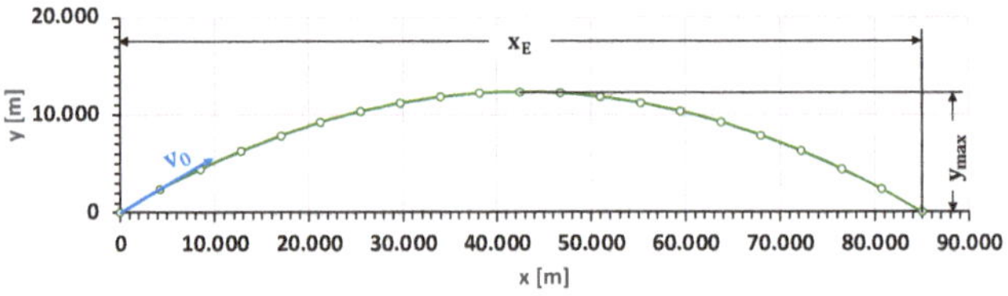

a) Wie groß ist die maximale Höhe y_{max} der Flugbahn des Geschosses?
b) In welcher horizontalen Entfernung x_E befindet sich das Geschoss wieder auf der gleichen Höhe wie die Mündung des Laufs?
Der Einfluss des Luftwiderstands soll vernachlässigt werden.

a) Während der maximalen Steigdauer Δt_{Steig} steigt die Kugel auf die maximale Steighöhe y_{max}.
Hier ist $v_y = v_0 \cdot \sin\alpha = 0$, somit gilt:

$$v_0 \cdot \sin\alpha - g \cdot \Delta t_{Steig} = 0\ \text{m/s} \quad \rightarrow \quad \Delta t_{Steig} = \frac{v_0 \cdot \sin\alpha}{g}$$

$$\Delta t_{Steig} = \frac{981 \frac{\text{m}}{\text{s}} \cdot \sin 30°}{9{,}81\ \text{m/s}^2} = 50\ \text{s}$$

$$y_{max} = v_0 \cdot \sin\alpha \cdot \Delta t_{Steig} - \frac{1}{2} \cdot g \cdot \Delta t_{Steig}^2$$

$$y_{max} = 981 \frac{\text{m}}{\text{s}} \cdot \sin 30° \cdot 50\ \text{s} - \frac{1}{2} \cdot 9{,}81 \frac{\text{m}}{\text{s}^2} \cdot 50^2\ \text{s}^2 = 12.262{,}5\ \text{m}$$

Zu Beispiel 2.7.1

b) Die gesamte Flugdauer ist die Summe aus Steigdauer Δt_{Steig} und Falldauer Δt_{Fall}.

$$\Delta t_{Fall} = \sqrt{\frac{2 \cdot y_{max}}{g}} = \sqrt{\frac{2 \cdot 12.262{,}5\ \text{m}}{9{,}81\ \text{m/s}^2}} = 50\ \text{s}$$

Horizontale Entfernung (bezogen auf die Mündung):

$$x_E = v_0 \cdot \cos\alpha \cdot \left(\Delta t_{Steig} + \Delta t_{Fall}\right)$$

$$x_E = 981\ \frac{\text{m}}{\text{s}} \cdot \cos 30° \cdot (50 + 50)\ \text{s} = 84.957{,}09\ \text{m}.$$

Aufgabe 2.7.1

Ein Geschoss verlässt den die Mündung des Laufs eines Luftgewehrs mit der Geschwindigkeit $v_0 = 170\ \text{m/s}$ (612 km/h) in Richtung eines Sees. Der Lauf ist horizontal ausgerichtet und befindet sich $h = 2{,}6$ m über dem Wasserspiegel.

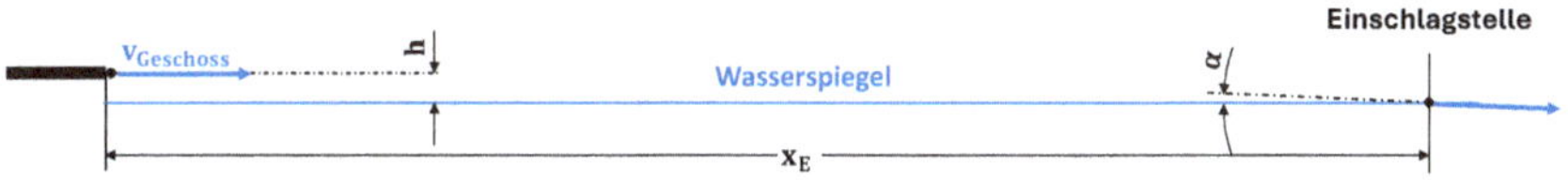

a) Wie groß ist die Flugdistanz x_E des Geschosses bis es auf das Wasser trifft?

b) Unter welchem Einschlagwinkel α (zwischen der Tangente an die Flugbahn im Auftreffpunkt und dem Wasser) trifft das Geschoss auf das Wasser?

c) Wie groß ist der Betrag der Einschlaggeschwindigkeit v_E des Geschosses beim Auftreffen auf dem Wasser?
Der Einfluss des Luftwiderstands soll vernachlässigt werden.

Aufgabe 2.7.2

Eine Haubitze steht auf einem Berg am Meeresufer.
Die Mündung des in Richtung Meer zeigenden und um den Winkel $\alpha_0 = 30°$ nach oben gerichteten Laufs befindet sich in der Höhe $y_0 = 800\ \text{m}$ über dem Meeresspiegel. Das Geschoss verlässt den Lauf mit der Mündungsgeschwindigkeit $v_0 = 981\ \text{m/s}$ (3.531,60 km/h).

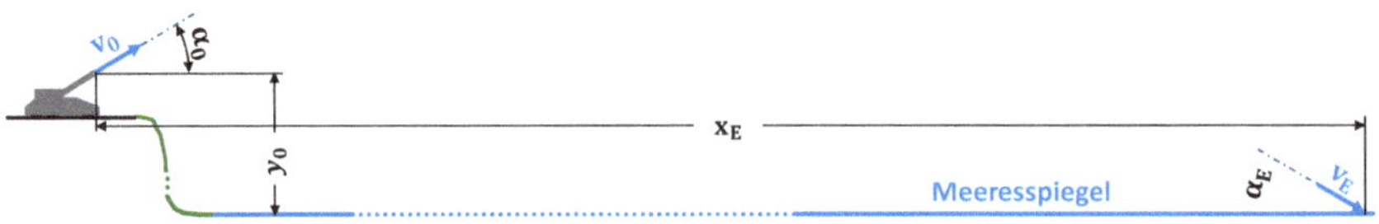

a) Wie groß ist der Betrag der Einschlaggeschwindigkeit v_E mit der das Geschoss auf dem Meeresspiegel trifft?

b) Wie groß ist der auf den Meeresspiegel bezogene Winkel α_E mit dem das Geschoss in das Wasser einschlägt?

c) Wie groß ist die horizontale Entfernung x_E zwischen Mündung und Einschlagstelle des Geschosses auf dem Meeresspiegel?
Der Einfluss des Luftwiderstands soll vernachlässigt werden.

Aufgabe 2.7.3

Eine Haubitze steht am Ufer eines Meeres auf Höhe des Meeresspiegels.
In der horizontalen Entfernung $x_E = 17.035\ \text{m}$ befindet sich das Ziel.
Die Mündungsgeschwindigkeit des Geschosses beträgt $v_0 = 981\ \text{m/s}$.

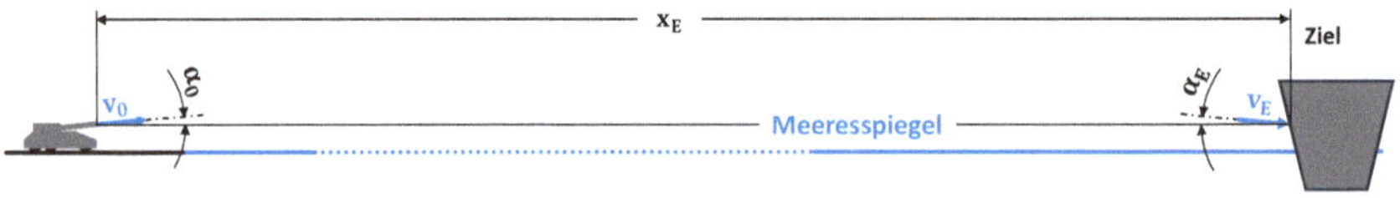

a) Wie groß muss der Abschusswinkel α_0 sein, damit das Ziel exakt in Höhe der Mündung des Laufs getroffen wird?

b) Wie groß ist die maximale Steighöhe y_{max} des Geschosses?
Der Einfluss des Luftwiderstands soll vernachlässigt werden.

2.8 Lösungen zu Kapitel 2

Aufgabe 2.1.1

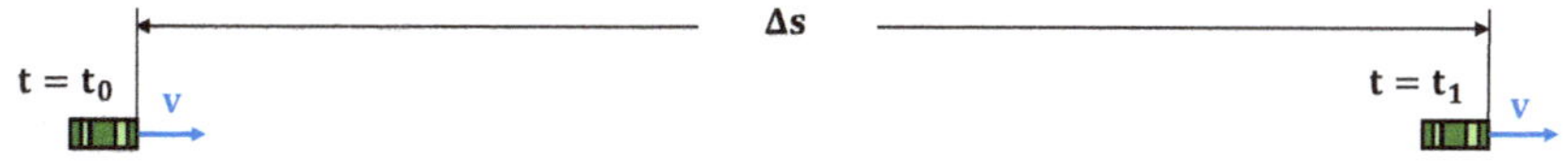

Geschwindigkeit des Pkws:

$$v = \frac{\Delta s}{\Delta t} = \frac{36\ \text{m}}{1\ \text{s}} = 36\ \text{m/s}$$

Umrechnung in km/h:

$$1\ \text{km/h} = \frac{1.000\ \text{m}}{60 \cdot 60\ \text{s}} = \frac{1.000}{3.600}\ \text{m/s} = \frac{1}{3{,}6}\ \text{m/s} \quad \rightarrow \quad 1\ \text{m/s} = 3{,}6\ \text{km/h}$$

$$v = 36 \cdot 3{,}6\ \text{km/h} = 129{,}6\ \text{km/h}$$

Aufgabe 2.1.2

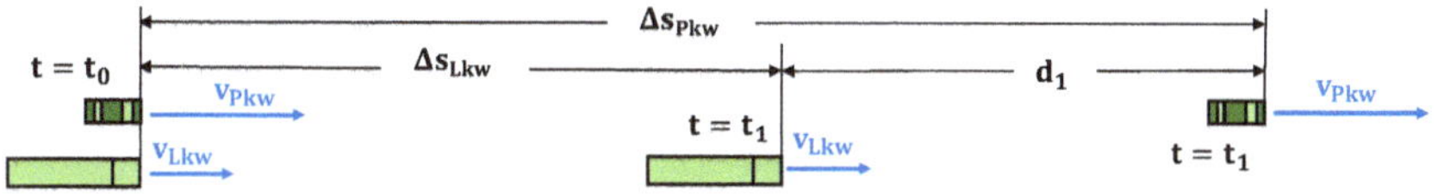

Weg des Pkws in der Zeitdauer Δt:

$$\Delta s_{Pkw} = v_{Pkw} \cdot \Delta t$$

Weg des Lkws in der Zeitdauer Δt:

$$\Delta s_{Lkw} = v_{Lkw} \cdot \Delta t$$

Der Abstand d_1 ist gleich der Wegdifferenz:

$$d_1 = \Delta s_{Pkw} - \Delta s_{Lkw} = v_{Pkw} \cdot \Delta t - v_{Lkw} \cdot \Delta t = (v_{Pkw} - v_{Lkw}) \cdot \Delta t$$

$$d_1 = \frac{144 - 72}{3{,}6}\ \frac{\text{m}}{\text{s}} \cdot 60\ \text{s} = 1.200\ \text{m} = 1{,}2\ \text{km}$$

Aufgabe 2.1.3

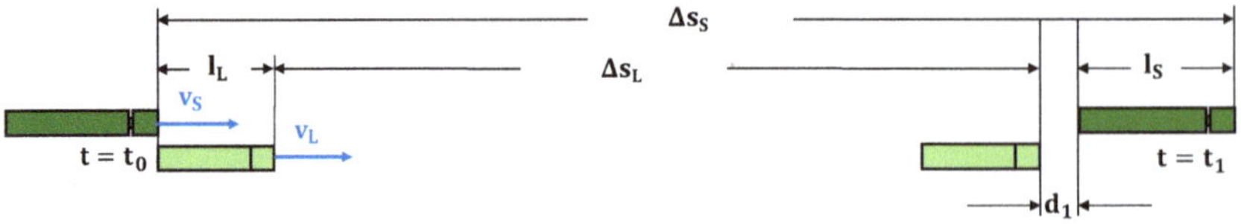

Weg des Sattel-Kfzs in der Zeitdauer Δt:

$$\Delta s_S = v_S \cdot \Delta t$$

Weg des Lkws in der Zeitdauer Δt:

$$\Delta s_L = v_L \cdot \Delta t$$

Aus dem beschriebenen Zusammenhang ergibt sich als Weg des Sattel-Kfz

$$\Delta s_s = l_L + \Delta s_L + d_1 + l_S$$

Eingesetzt, nach Δt aufgelöst und berechnet:

$$\Delta s_s = v_S \cdot \Delta t = l_L + v_L \cdot \Delta t + d_1 + l_S$$

$$\Delta t \cdot (v_S - v_L) = l_L + d_1 + l_S$$

$$\Delta t = \frac{l_L + d_1 + l_S}{v_S - v_L} = \frac{(12 + 3 + 16)\ \mathrm{m}}{\frac{(85 - 80)}{3{,}6}\ \mathrm{m/s}} = 22{,}32\ \mathrm{s}$$

Aufgabe 2.1.4

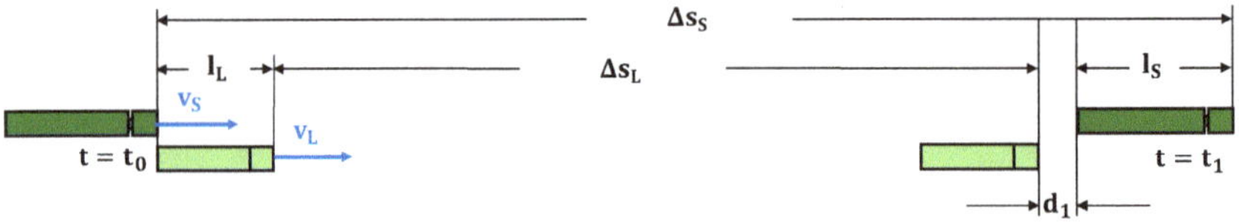

Wege der beiden Fahrzeuge in der Zeitdauer Δt:

$$\Delta s_S = v_S \cdot \Delta t;\ \Delta s_L = v_L \cdot \Delta t$$

Aus dem beschriebenen Zusammenhang ergibt sich:

$$\Delta s_s = l_L + \Delta s_L + d_1 + l_S$$

Umgestellt, eingesetzt und berechnet:

$$d_1 = \Delta s_S - \Delta s_L - l_S - l_L = \Delta t \cdot (v_S - v_L) - l_L - l_S$$

$$d_1 = 22{,}32\ \mathrm{s} \cdot \frac{85 - 80}{3{,}6} \frac{m}{s} - 12\ \mathrm{m} - 16\ \mathrm{m} = 3\ \mathrm{m}$$

Aufgabe 2.1.5

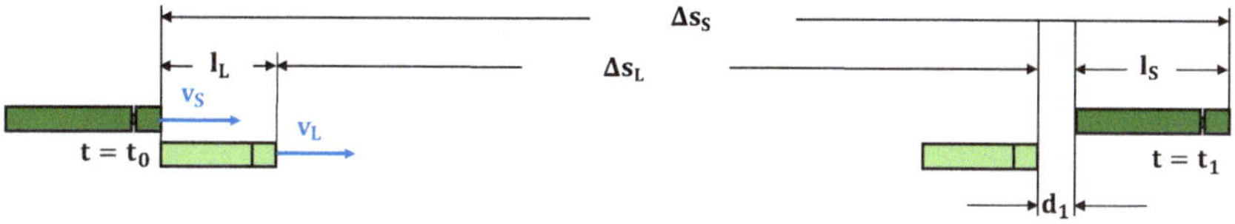

Weg des Sattel-Kfzs in der Zeitdauer $\Delta t = t_1 - t_0$:

$$\Delta s_S = v_S \cdot \Delta t$$

Wie in Aufgabe 2.1.1.3 gilt:

$$\Delta t = \frac{l_L + d_1 + l_S}{v_S - v_L}$$

Eingesetzt und berechnet:

$$\Delta s_S = v_S \cdot \frac{l_L + d_1 + l_S}{v_S - v_L} = \frac{85}{3{,}6}\frac{\mathrm{m}}{\mathrm{s}} \cdot \frac{(12 + 3 + 16)\ \mathrm{m}}{\frac{85 - 80}{3{,}6}\frac{\mathrm{m}}{\mathrm{s}}} = 527\ \mathrm{m}$$

Aufgabe 2.2.1

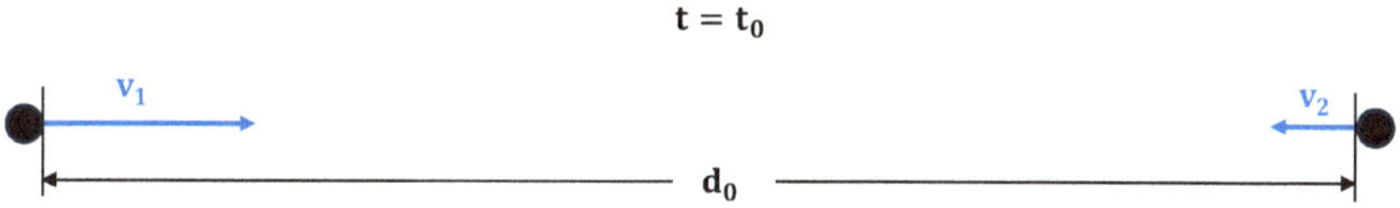

Die beiden Körper fliegen aufeinander zu,
also beträgt die Relativgeschwindigkeit:

$$v_{rel} = v_1 + v_2$$

$$d_0 = v_{rel} \cdot \Delta t \qquad \rightarrow \qquad \Delta t = \frac{d_0}{v_{rel}} = \frac{d_0}{v_1 + v_2} = \frac{10\ \mathrm{m}}{(15 + 5)\ \mathrm{m/s}} = 0{,}5\ \mathrm{s}$$

Aufgabe 2.2.2 (siehe auch Aufgabe 2.1.2)

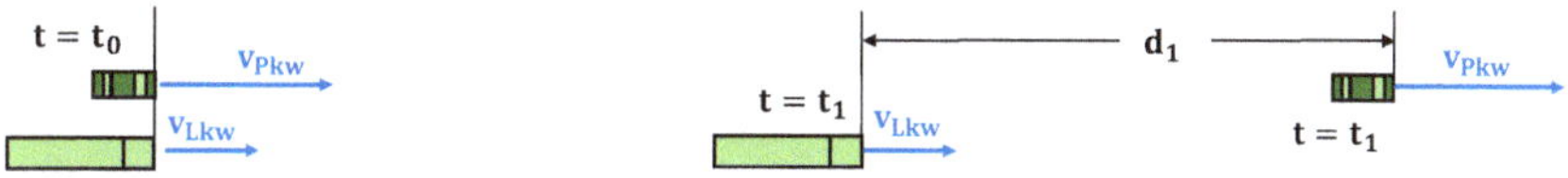

Vom Pkw infolge der Relativgeschwindigkeit v_{rel} in der Zeitspanne $\Delta t = t_1 - t_0$ zusätzlich zum Weg des Lkws zurückgelegter Weg:

$$d_1 = v_{rel} \cdot \Delta t = (v_{Pkw} - v_{Lkw}) \cdot \Delta t = \frac{144 - 72}{3{,}6}\frac{\mathrm{m}}{\mathrm{s}} \cdot 60\ \mathrm{s} = 1.200\ \mathrm{m} = 1{,}2\ \mathrm{km}$$

Aufgabe 2.2.3 (siehe auch Aufgabe 2.1.3)

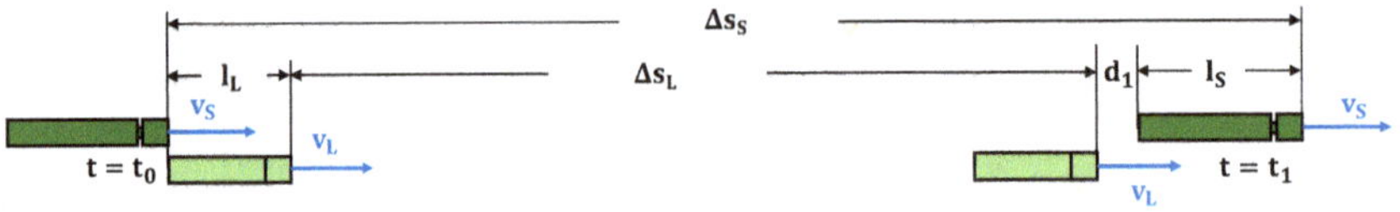

Vom Sattel-Kfz infolge der Relativgeschwindigkeit v_{rel} zusätzlich zum Weg des Lkws zurückgelegter Weg:

$$\Delta s_{rel} = \Delta s_s - \Delta s_L = l_L + d_1 + l_S = v_{rel} \cdot \Delta t$$

Umgestellt, eingesetzt und berechnet:

$$\Delta t = \frac{l_L + d_1 + l_s}{v_{rel}} = \frac{(12 + 3 + 16)\ \text{m}}{v_S - v_L} = \frac{(12 + 3 + 16)\ \text{m}}{\frac{(85 - 80)\ \text{m}}{3{,}6\ \text{s}}} = 22{,}32\ \text{s}$$

Aufgabe 2.2.4 (siehe auch Aufgabe 2.1.4)

Vom Sattel-Kfz infolge der Relativgeschwindigkeit v_{rel} zusätzlich zum Weg des Lkws zurückgelegter Weg:

$$\Delta s_{rel} = \Delta s_s - \Delta s_L = l_L + d_1 + l_S = v_{rel} \cdot \Delta t$$

Umgestellt, eingesetzt und berechnet:

$$d_1 = v_{rel} \cdot \Delta t - l_S - l_L = (v_S - v_L) \cdot \Delta t - l_S - l_L$$

$$d_1 = \frac{(85 - 80)\ \text{m}}{3{,}6\ \text{s}} \cdot 22{,}32\ \text{s} - 16\ \text{m} - 12\ \text{m} = 3\ \text{m}$$

Aufgabe 2.2.5 (siehe auch Aufgabe 2.1.5)

Weg des Sattel-Kfz in der Zeitspanne Δt:

$$\Delta s_s = v_S \cdot \Delta t$$

Vom Sattel-Kfz infolge der Relativgeschwindigkeit v_{rel} zusätzlich zum Weg des Lkws zurückgelegter Weg

$$\Delta s_{rel} = \Delta s_s - \Delta s_L = l_L + d_1 + l_S = v_{rel} \cdot \Delta t$$

Umgestellt:

$$\Delta t = \frac{l_L + d_1 + l_S}{v_{rel}}$$

Eingesetzt und berechnet:

$$\Delta s_S = v_S \cdot \frac{l_L + d_1 + l_S}{v_{rel}} = \frac{l_L + d_1 + l_S}{v_S - v_L} = \frac{85}{3{,}6}\ \frac{\text{m}}{\text{s}} \cdot \frac{(12 + 3 + 16)\ \text{m}}{\frac{85 - 80}{3{,}6}\ \frac{\text{m}}{\text{s}}} = 527\ \text{m}$$

Aufgabe 2.2.6

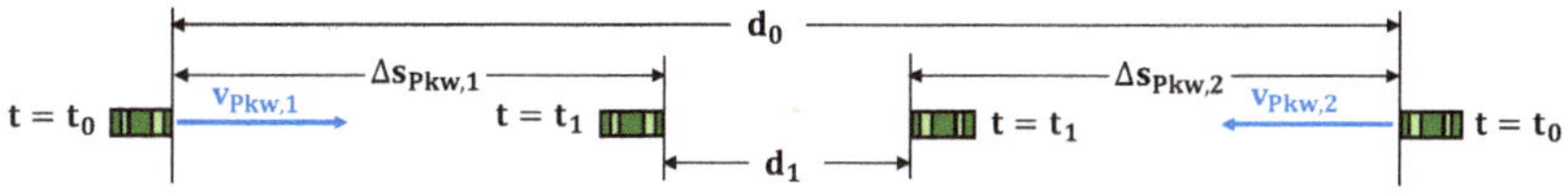

a) Die Wege der Pkw sind gleich groß:

$$\Delta s_{Pkw,2} = \Delta s_{Pkw,1} = v_{Pkw,1} \cdot (t_1 - t_0) = \frac{144}{3{,}6} \frac{m}{s} \cdot 2\,s$$

$$\Delta s_{Pkw,2} = \Delta s_{Pkw,1} = 80\,m$$

b) Abstand zum Zeitpunkt t_1:

$$d_1 = d_0 - s_{Pkw,1} - s_{Pkw,2} = (200 - 80 - 80)\,m = 40\,m$$

Berechnung mit Relativgeschwindigkeit $v_{rel} = v_{Pkw,1} + v_{Pkw,2}$

Der relativ zwischen den beiden Pkw in der Zeitdauer $t_1 - t_0$ zurückgelegte Weg beträgt:

$$s_{rel} = \Delta s_{Pkw,1} + \Delta s_{Pkw,2} = v_{rel} \cdot (t_1 - t_0) = \left(v_{Pkw,1} + v_{Pkw,2}\right) \cdot (t_1 - t_0)$$

$$s_{rel} = \frac{144 + 144}{3{,}6} \frac{m}{s} \cdot 2\,s = 160\,m$$

Entsprechend verkürzt sich der Abstand zwischen den Fahrzeugen: $d_1 = d_0 - s_{rel} = (200 - 160)\,m = 40\,m$

Aufgabe 2.2.7

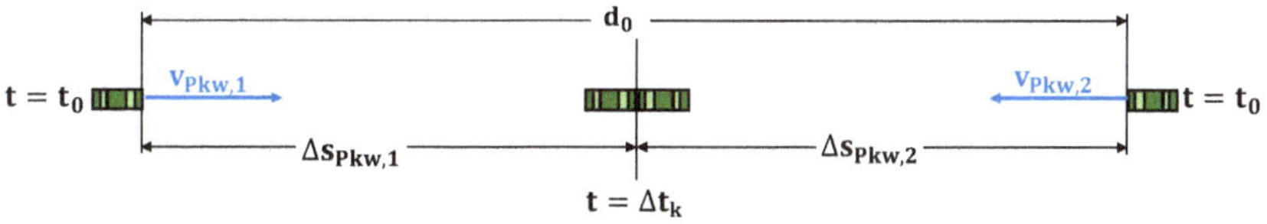

a) Bis zur Kollision legen die beidem Pkw mit der Relativgeschwindigkeit $v_{rel} = v_{Pkw,1} + v_{Pkw,2}$ den Weg $\Delta s_{rel} = v_{rel} \cdot \Delta t_K = d_0$ zurück.
Somit ist bei der Kollision:

$$\Delta t_K = \frac{d_0}{v_{rel}} = \frac{d_0}{v_{Pkw,1} + v_{Pkw,2}} = \frac{200\,m}{\frac{(144 + 144)}{3{,}6} \frac{m}{s}} = 2{,}5\,s$$

b) Pkw 1 legt in der Zeitdauer Δt_K bis zur Kollision den Weg $\Delta s_{Pkw,1}$ zurück

$$\Delta s_{Pkw,1} = v_{Pkw,1} \cdot \Delta t_K = \frac{144}{3{,}6} \frac{m}{s} \cdot 2{,}5\,s = 100\,m$$

Entsprechend den gegebenen Verhältnissen ist $\Delta s_{Pkw,1} = \Delta s_{Pkw,2} = d_0/2$

Aufgabe 2.3.1

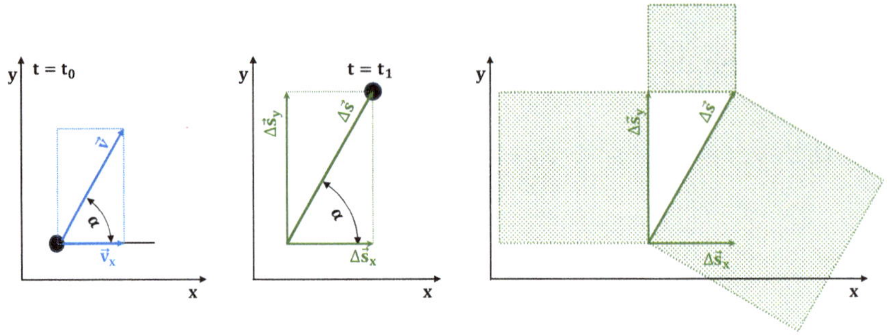

a) Geschwindigkeitskomponente in x-Richtung:

$$v_x = \frac{\Delta s_x}{\Delta t} = \frac{50\text{ m}}{10\text{ s}} = 5\text{ m/s}$$

Resultierende Geschwindigkeit:

$$v = \frac{v_x}{\cos\alpha} = \frac{5\text{ m/s}}{\cos 60°} = 10\text{ m/s}$$

b) In der Zeitspanne Δt in y-Richtung zurückgelegter Weg

$$\Delta s_y = v_y \cdot \Delta t = v \cdot \sin\alpha \cdot \Delta t = \frac{10\text{ m}}{\text{s}} \cdot \sin 60° \cdot 10\text{ s} = 86{,}6025\text{ m}$$

c) Betrag des resultierenden Wegs:

$$\Delta s = \frac{\Delta s_x}{\cos\alpha} = \frac{50\text{ m}}{\cos 60°} = 100\text{ m}$$

Alternative Berechnung (Satz des Pythagoras):

$$\Delta s^2 = \Delta s_x^2 + \Delta s_y^2 \quad \rightarrow \quad \Delta s = \sqrt{\Delta s_x^2 + \Delta s_y^2}$$

$$\Delta s = \sqrt{(50^2 + 86{,}6025^2)\text{ m}^2} = 100\text{ m}$$

Aufgabe 2.3.2

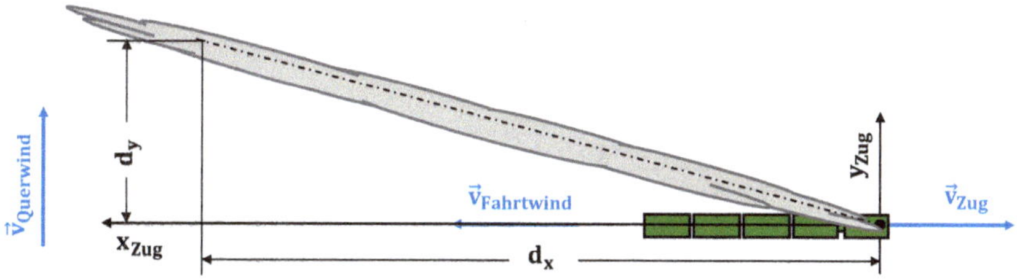

In dem am Schornstein des Zugs fixierten x_{Zug}, y_{Zug}-Koordinatensystem wirkt auf die Dampfteilchen entgegen der Fahrtrichtung der Fahrtwind mit der Geschwindigkeit $\vec{v}_{Fahrtwind}$, deren Betrag gleich groß ist wie der Betrag der Zuggeschwindigkeit $\vec{v}_{Zug}$:

$$\vec{v}_{Fahrtwind} = -\vec{v}_{Zug}$$

Zudem wirkt auf die Dampfteilchen der Querwind mit der Geschwindigkeit $\vec{v}_{Querwind}$

Angetrieben vom Fahrtwind legen die Dampfteilchen den Weg d_x zurück:

$$d_x = v_{zug} \cdot \Delta t$$

Die für die Wegstrecke d_x benötigte Zeitdauer beträgt:

$$\Delta t = \frac{d_x}{v_{Zug}} = \frac{150\ \text{m}}{\frac{54}{3{,}6}\frac{\text{m}}{\text{s}}} = 10\ \text{s}$$

In dieser Zeitdauer haben die vom Querwind bewegten Dampfteilchen den Weg d_y zurückgelegt:

$$d_y = v_{Querwind} \cdot \Delta t$$

Umgestellt eingesetzt und berechnet:

$$v_{Querwind} = \frac{d_y}{\Delta t} = \frac{40\ \text{m}}{10\ \text{s}} = 4\ \text{m/s} = 14{,}4\ \text{km/h}$$

Zu Aufgabe 2.3.2

Probe: Die Resultierenden von Weg und Geschwindigkeit
müssen unter dem gleichem Winkel α verlaufen:

$$\tan\alpha = \frac{d_y}{d_x} = \frac{40\ \text{m}}{150\ \text{m}} = \frac{v_{\text{Querwind}}}{v_{\text{Fahrtwind}}} = \frac{\frac{14,4}{3,6}\ \frac{\text{m}}{\text{s}}}{\frac{54}{3,6}\ \frac{\text{m}}{\text{s}}} = 0,2667 \qquad \rightarrow \qquad \alpha = 14,933°$$

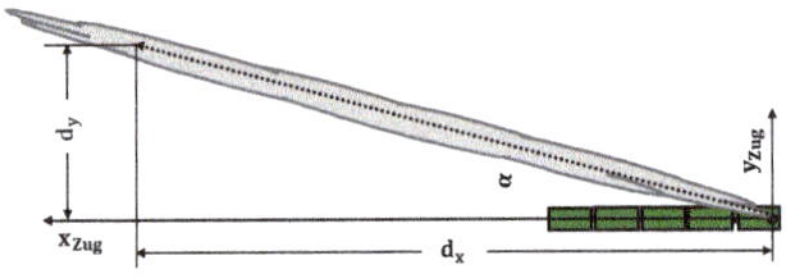

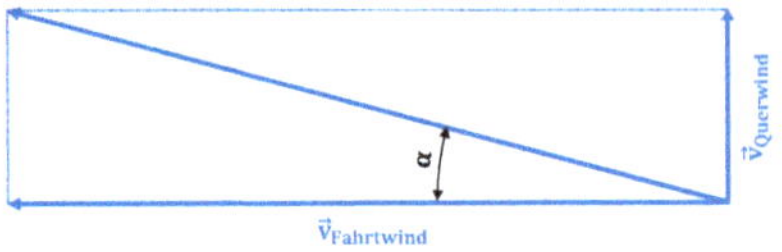

Aufgabe 2.3.3

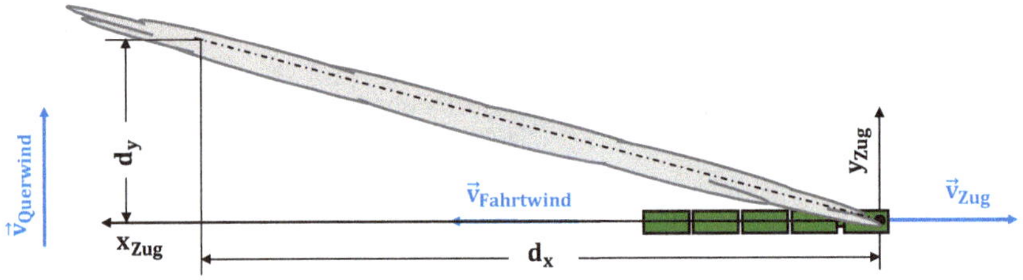

Angetrieben vom Querwind legen die Dampfteilchen den Weg d_y zurück.
Die hierfür benötigte Zeitdauer beträgt:

$$\Delta t = \frac{d_y}{v_{\text{Querwind}}}$$

In der gleichen Zeitdauer legt der Zug die Wegstrecke d_x zurück:

$$d_x = v_{\text{Zug}} \cdot \Delta t \qquad \rightarrow \qquad \Delta t = \frac{d_x}{v_{\text{Zug}}}$$

Somit ist:

$$\frac{d_y}{v_{\text{Querwind}}} = \frac{d_x}{v_{\text{Zug}}}$$

Umgestellt, eingesetzt und berechnet:

$$v_{\text{Zug}} = \frac{d_x}{d_y} \cdot v_{\text{Querwind}} = \frac{150\ \text{m}}{40\ \text{m}} \cdot 4\ \text{m/s} = 15\ \text{m/s} = 15 \cdot 3,6\ \text{km/h} = 54\ \text{km/h}$$

Aufgabe 2.3.4

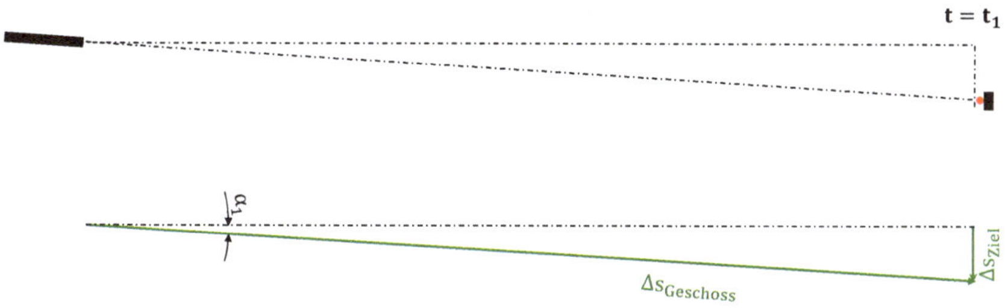

Um das Zielobjekt zu treffen, muss das Geschoss in der Zeitdauer $\Delta t = t_1 - t_0$ parallel zum Ziel den gleichen Weg zurücklegen wie das Ziel selbst.

$$\Delta s_{Geschoss} \cdot \sin \alpha_1 = \Delta s_{Ziel}$$

Somit gilt:

$$v_{Geschoss} \cdot \Delta t \cdot \sin \alpha_1 = v_{Ziel} \cdot \Delta t$$

Umgestellt, eingesetzt und berechnet:

$$\sin \alpha_1 = \frac{v_{Ziel} \cdot \Delta t}{v_{Geschoss} \cdot \Delta t} = \frac{v_{ziel}}{v_{Geschoss}} = \frac{15\ \mathrm{m/s}}{250\ \mathrm{m/s}} = 0{,}06 \quad \rightarrow \quad \alpha_1 = 3{,}44°$$

Der Winkel ist unabhängig vom Abstand d.

Aufgabe 2.4.1

a) Durchschnittsgeschwindigkeit für die reine Fahrzeit:

$$\bar{v}_{Fahr} = \frac{\Delta s_{A-B}}{\Delta t_{Fahr}} = \frac{\Delta s_1 + \Delta s_2 + \Delta s_3}{\Delta t_1 + \Delta t_2 + \Delta t_3}$$

Zeitdauern für die Teilstrecken:

$$\Delta t_1 = \frac{\Delta s_1}{\bar{v}_1};\ \Delta t_2 = \frac{\Delta s_2}{\bar{v}_2};\ \Delta t_3 = \frac{\Delta s_3}{\bar{v}_3}$$

Eingesetzt und berechnet:

$$\bar{v}_{Fahr} = \frac{\Delta s_1 + \Delta s_2 + \Delta s_3}{\frac{\Delta s_1}{\bar{v}_1} + \frac{\Delta s_2}{\bar{v}_2} + \frac{\Delta s_3}{\bar{v}_3}} = \frac{(90 + 200 + 210)\ \mathrm{km}}{\left(\frac{90}{250} + \frac{200}{160} + \frac{210}{120}\right) \frac{\mathrm{km}}{\mathrm{km/h}}}$$

$$\bar{v}_{Fahr} = 148{,}8095\ \mathrm{km/h}$$

Zu Aufgabe 2.4.1

b) Gesamtdauer der gesamten Fahrt einschließlich der Pause:

$$\Delta t_{A-B} = \Delta t_1 + \Delta t_2 + \Delta t_3 + \Delta t_{Pause}$$

Durchschnittsgeschwindigkeit einschließlich der Pause:

$$\bar{v}_{A-B} = \frac{\Delta s_{A-B}}{\Delta t_{A-B}} = \frac{\Delta s_1 + \Delta s_2 + \Delta s_3}{\frac{\Delta s_1}{\bar{v}_1} + \frac{\Delta s_2}{\bar{v}_2} + \frac{\Delta s_3}{\bar{v}_3} + \Delta t_{Pause}}$$

Eingesetzt und berechnet:

$$\bar{v}_{A-B} = \frac{(90 + 200 + 210)\ \text{km}}{\left(\frac{90}{250} + \frac{200}{160} + \frac{210}{120}\right) \frac{\text{km}}{\text{km/h}} + 0{,}5\ \text{h}} = 129{,}5337\ \text{km/h}$$

Aufgabe 2.4.2

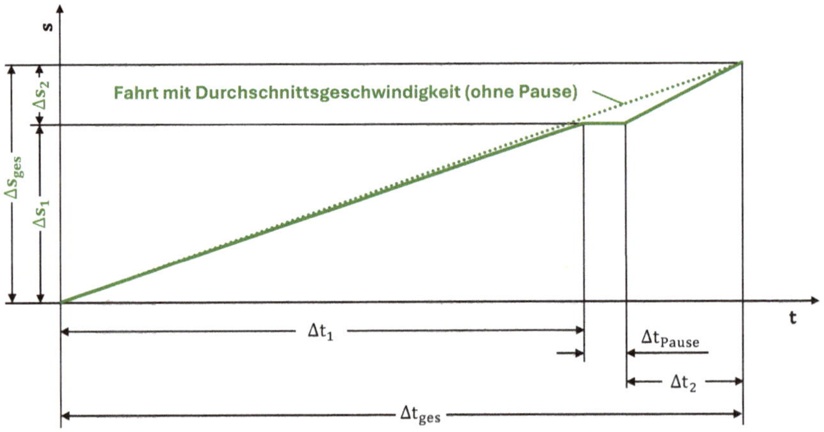

a) Dauer für beide Wegstrecken:

$$\Delta t_1 + \Delta t_2 = \frac{\Delta s_1}{\bar{v}_1} + \frac{\Delta s_2}{\bar{v}_2}$$

Dauer der gesamten Fahrt (mit Pause):

$$\Delta t_{ges} = \Delta t_1 + \Delta t_2 + \Delta t_{Pause} = \frac{90\ \text{km}}{40\ \text{km/h}} + \frac{30\ \text{km}}{60\ \text{km/h}} + 10\ \text{min}$$

$$\Delta t_{ges} = 2{,}25\ \text{h} + 0{,}5\ \text{h} + 10\ \text{min} = 135\ \text{min} + 30\ \text{min} + 10\ \text{min}$$

$$\Delta t_{ges} = 175\ \text{min} = 2\ \text{h} + 55\ \text{min}$$

Zu Aufgabe 2.4.2

b) Durchschnittsgeschwindigkeit der gesamten Fahrt (mit Pause):

$$\bar{v}_{gesamt} = \frac{\Delta s_{ges}}{\Delta t_{ges}} = \frac{\Delta s_1 + \Delta s_2}{\Delta t_{ges}} = \frac{(90 + 30)\ km}{175\ min} = 0{,}6857\ km/min$$

$$\bar{v}_{gesamt} = 60 \cdot 0{,}6857\ km/h = 41{,}1429\ km/h$$

Aufgabe 2.4.3

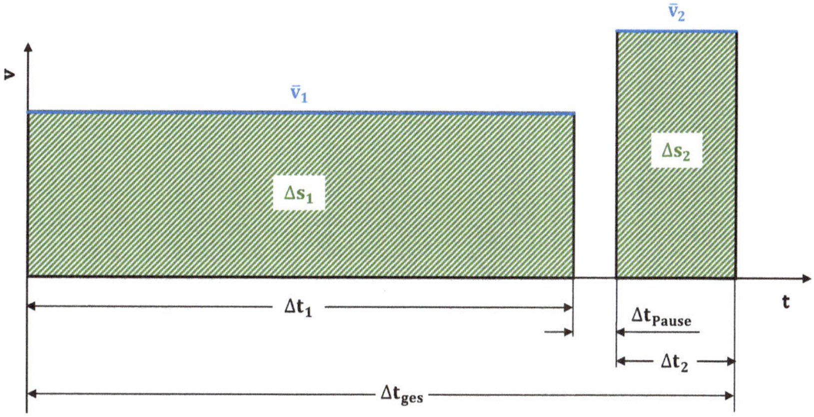

Für die Wegstrecke Δs_1 beträgt die Fahrzeit:

$$\Delta t_1 = \frac{\Delta s_1}{\bar{v}_1} = \frac{90\ km}{40\ km/h} = 2{,}25\ h = 2{,}25 \cdot 60\ min = 135\ min$$

Für die Wegstrecke Δs_2 beträgt die Fahrzeit:

$$\Delta t_2 = \frac{\Delta s_2}{\bar{v}_2} = \frac{30\ km}{60\ km/h} = 0{,}5\ h = 0{,}5 \cdot 60\ min = 30\ min$$

Die gesamte Fahrzeit (mit Pause) beträgt:

$$\Delta t_{ges} = \frac{\Delta s_{ges}}{\bar{v}_{ges}} = \frac{\Delta s_1 + \Delta s_2}{\bar{v}_{ges}} = \frac{(90 + 30)\ km}{40\ km/h} = 3{,}0\ h$$

$$\Delta t_{ges} = 3{,}0 \cdot 60\ min = 180\ min$$

Somit beträgt die Pausenzeit:

$$\Delta t_{Pause} = \Delta t_{ges} - \Delta t_1 - \Delta t_2 = (180 - 135 - 30)\ min = 15\ min$$

Aufgabe 2.4.4

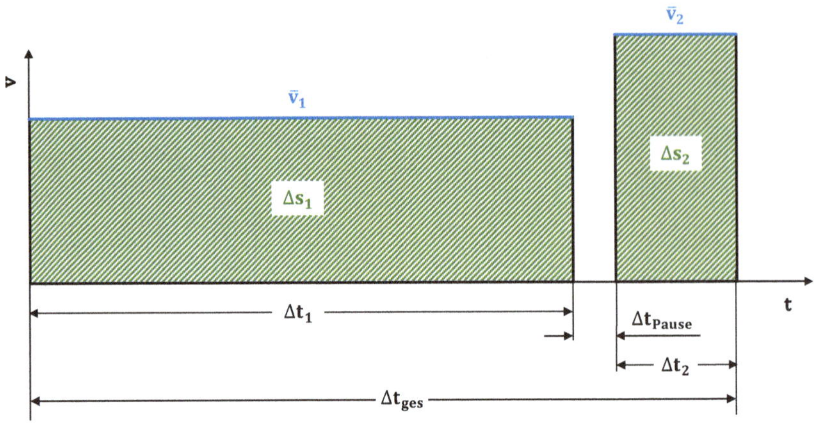

Die reine Fahrzeit beträgt:

$$\Delta t_{Fahrt} = \Delta t_1 + \Delta t_2 = \Delta t_{ges} - \Delta t_{Pause} = 2\text{h}\ 55\ \text{min} - 10\ \text{min}$$

$$\Delta t_{Fahrt} = 2\ \text{h}\ 45\ \text{min} = (2 \cdot 60 + 55 - 10)\ \text{min} = 165\ \text{min}$$

Teilstrecke $\Delta s_1 = \bar{v}_1 \cdot \Delta t_1$

Teilstrecke $\Delta s_2 = \bar{v}_2 \cdot \Delta t_2$

$$\Delta t_{Fahrt} = \frac{\Delta s_1}{\bar{v}_1} + \frac{\Delta s_2}{\bar{v}_2} = \frac{\Delta s_1}{\bar{v}_1} + \frac{\Delta s_{ges} - \Delta s_1}{\bar{v}_2} = \frac{\Delta s_1}{\bar{v}_1} + \frac{\Delta s_{ges}}{\bar{v}_2} - \frac{\Delta s_1}{\bar{v}_2}$$

$$\Delta t_{Fahrt} = \Delta s_1 \cdot \left(\frac{1}{\bar{v}_1} - \frac{1}{\bar{v}_2}\right) + \frac{\Delta s_{ges}}{\bar{v}_2}$$

Umgestellt, eingesetzt und berechnet:

$$\Delta s_1 = \frac{\Delta t_{Fahrt} - \frac{\Delta s_{ges}}{\bar{v}_2}}{\frac{1}{\bar{v}_1} - \frac{1}{\bar{v}_2}}$$

$$\Delta s_1 = \frac{165\ \text{min} - \frac{120\ \text{km}}{60\ \text{km/h}}}{\left(\frac{1}{40} - \frac{1}{60}\right)\frac{1}{\text{km/h}}} = \frac{165\ \text{min} - 2\ \text{h}}{\left(\frac{1}{40} - \frac{1}{60}\right)\frac{\text{h}}{\text{km}}} = \frac{(165 - 120)\text{min}}{\left(\frac{1}{40} - \frac{1}{60}\right)\frac{60\ \text{min}}{\text{km}}} = 90\ \text{km}$$

$$\Delta s_2 = \Delta s_{ges} - \Delta s_1 = (120 - 90)\ \text{km} = 30\ \text{km}$$

Aufgabe 2.4.5

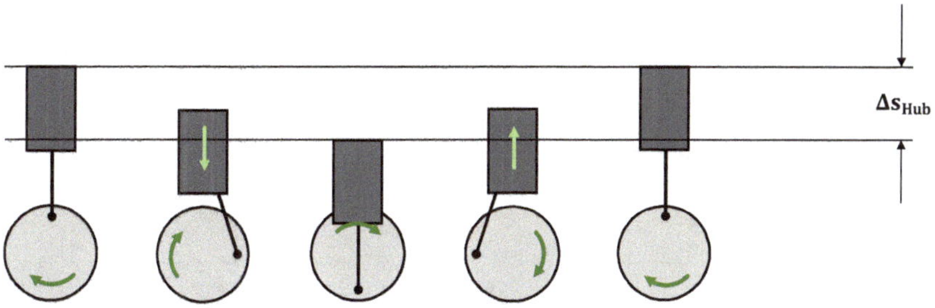

Weg des Kolbens je Umdrehung der Kurbelwelle:

$$\Delta s_{\text{Umdrehung}} = 2 \cdot \Delta s_{\text{Hub}}$$

Gesamtweg des Kolbens nach der Zeitdauer $\Delta t = 1$ min
(n = 3.600 Umdrehungen):

$$\Delta s_{\text{ges}} = n \cdot \Delta s_{\text{Umdrehung}} = n \cdot 2 \cdot \Delta s_{\text{Hub}}$$

Mittlere Hubgeschwindigkeit des Kolbens:

$$\bar{v}_{\text{Kolben}} = \frac{n \cdot 2 \cdot \Delta s_{\text{Hub}}}{\Delta t} = \frac{3.600 \cdot 2 \cdot 69 \text{ mm}}{1 \text{ min}} = 496.800 \ \frac{\text{mm}}{\text{min}}$$

$$\bar{v}_{\text{Kolben}} = \frac{496{,}8 \text{ m}}{60 \text{ s}} = 8{,}28 \text{ m/s} = 8{,}28 \cdot 3{,}6 \text{ km/h} = 29{,}808 \text{ km/h}$$

Aufgabe 2.4.6

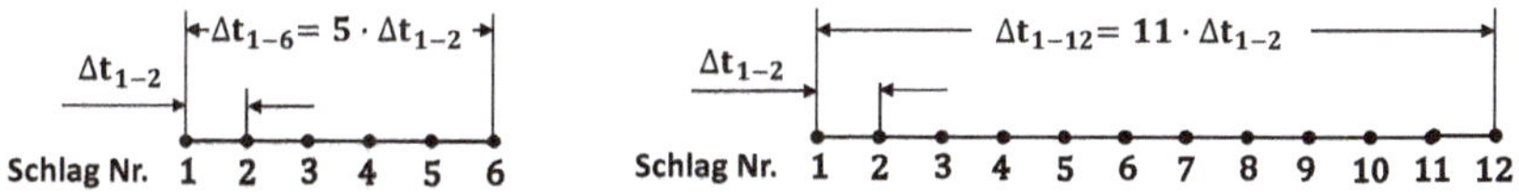

Hinweis: Die Zeitmessung beginnt mit Ertönen des ersten Schlags und endet mit Ertönen des letzten Schlags.

Zeitdauer zwischen zwei aufeinander folgenden Schlägen:

$$\Delta t_{1-2} = \frac{\Delta t_{1-6}}{5} = \frac{6{,}0 \text{ s}}{5} = 1{,}2 \text{ s}$$

Zeitdauer zwischen zwölf aufeinander folgenden Schlägen:

$$\Delta t_{1-12} = 11 \cdot \Delta t_{1-2} = 11 \cdot 1{,}2 \text{ s} = 13{,}2 \text{ s}$$

Aufgabe 2.5.1

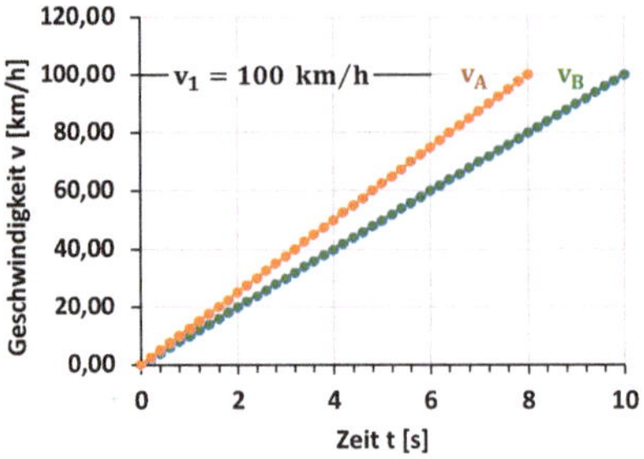

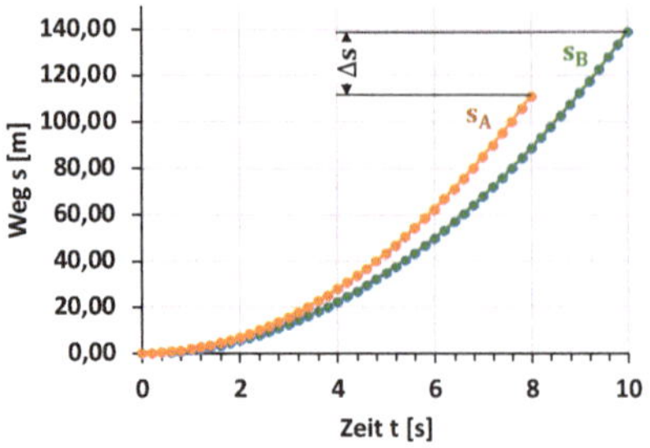

a) Mittlere Beschleunigungen:

$$\bar{a}_A = \frac{v_1}{\Delta t_A} = \frac{100\ \text{m}}{3{,}6\ \text{s} \cdot 10\ \text{s}} = 2{,}778\ \text{m/s}^2$$

$$\bar{a}_B = \frac{v_1}{\Delta t_B} = \frac{100\ \text{m}}{3{,}6\ \text{s} \cdot 8\ \text{s}} = 3{,}472\ \text{m/s}^2$$

b) Wegdifferenz:

$$\Delta s = \Delta s_a - \Delta s_B = \frac{1}{2}(\bar{a}_A \cdot \Delta t_A^2 - \bar{a}_B \cdot \Delta t_B^2) = \frac{1}{2}\left(\frac{v_1}{\Delta t_A} \cdot \Delta t_A^2 - \frac{v_1}{\Delta t_B} \cdot \Delta t_B^2\right)$$

$$\Delta s = \frac{1}{2}\left(\frac{100\ \text{m}}{3{,}6\ \text{s} \cdot 10\ \text{s}} \cdot 10^2\ \text{s}^2 - \frac{100\ \text{m}}{3{,}6\ \text{s} \cdot 8\ \text{s}} \cdot 8^2\ \text{s}^2\right) = 27{,}778\ \text{m}$$

Anmerkungen:

Während der Beschleunigungsdauer $\Delta t_A = 8$ s ist die von Pkw A zurückgelegte Wegstrecke stets größer als die von Pkw B zurückgelegte Wegstrecke, d. h. Pkw A fährt stets vor Pkw B.

Da die Endgeschwindigkeiten gleich sind ($v_1 = 100\ \text{km/h}$) und die Beschleunigungsdauer von Pkw B größer ist ($\Delta t_B = 10$ s), legt Pkw B bis zum Erreichen der Endgeschwindigkeit eine größere Wegstrecke zurück als Pkw A, d. h. Pkw B fährt gegen Ende seines Beschleunigungsvorgangs an Pkw A vorbei.

Fahren beide Pkw nach Erreichen der Endgeschwindigkeit mit konstanter Geschwindigkeit ($v_1 = 100\ \text{km/h}$) weiter, befindet sich Pkw A stets vor Pkw B und der Abstand zwischen beiden Fahrzeugen bleibt dabei gleich (Relativgeschwindigkeit $v_{rel} = 0$).

Aufgabe 2.5.2

Länge der durchfahrenen Strecke Δs:

$$\Delta s = v_0 \cdot \Delta t + \frac{a}{2} \cdot \Delta t^2 = v_0 \cdot \Delta t + \frac{v_1 - v_0}{2 \cdot \Delta t} \cdot \Delta t^2 = v_0 \cdot \Delta t + \frac{v_1 - v_0}{2} \cdot \Delta t$$

$$\Delta s = \Delta t \cdot \left(v_0 + \frac{v_1 - v_0}{2}\right) = \Delta t \cdot \frac{v_0 + v_1}{2}$$

Umgestellt, eingesetzt und berechnet:

$$\Delta t = \frac{\Delta s \cdot 2}{v_0 + v_1} = \frac{125\ \mathrm{m} \cdot 2 \cdot 3{,}6}{(54 + 100{,}8)\ \mathrm{m/s}} = 5{,}814\ \mathrm{s}$$

$$a = \frac{\Delta v}{\Delta t} = \frac{v_1 - v_0}{\Delta t} = \frac{(100{,}8 - 54{,}0)\ \mathrm{m/s}}{5{,}814\ \mathrm{s} \cdot 3{,}6} = 2{,}236\ \mathrm{m/s^2}$$

Anmerkung:

Die mathematisch hergeleitete Formel zur Berechnung der Zeitspanne Δt ergibt sich anschaulich aus der Fläche unterhalb der Geschwindigkeits-Geraden im v/t-Diagramm:

$$\Delta s = v_0 \cdot \Delta t + \frac{1}{2} \cdot (v_1 - v_0) \cdot \Delta t \qquad \rightarrow \qquad \Delta s = \Delta t \cdot \frac{v_0 + v_1}{2}$$

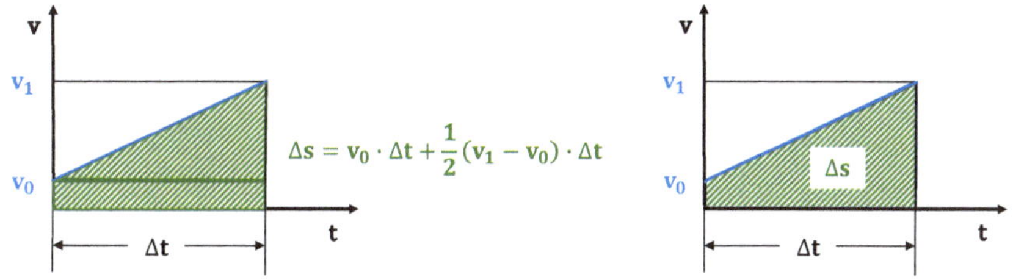

Aufgabe 2.5.3

In der Zeitspanne Δt zurückgelegte Wegstrecke:

$$\Delta s = v_0 \cdot \Delta t + \frac{1}{2} \cdot a \cdot \Delta t^2 = v_0 \cdot \Delta t + \frac{1}{2} \cdot \frac{\Delta v}{\Delta t} \cdot \Delta t^2 = v_0 \cdot \Delta t + \frac{v_1 - v_0}{2} \cdot \Delta t$$

$$\Delta s = \Delta t \cdot \frac{v_0 + v_1}{2}$$

Umgestellt, nach v_0 aufgelöst, eingesetzt und berechnet:

$$\frac{2 \cdot \Delta s}{\Delta t} = v_0 + v_1 \qquad \rightarrow \qquad v_0 = \frac{2 \cdot \Delta s}{\Delta t} - v_1$$

$$v_0 = \frac{2 \cdot 40\ \mathrm{m}}{3{,}0\ \mathrm{s}} - \frac{65\ \mathrm{m/s}}{3{,}6} = 8{,}611\ \mathrm{m/s} = 31{,}0\ \mathrm{km/h}$$

Aufgabe 2.5.4

Bremsweg:

$$\Delta s_B = \frac{1}{2} \cdot a \cdot \Delta t_B^2$$

Umgestellt, eingesetzt und berechnet:

$$\Delta t_B = \sqrt{\frac{2 \cdot \Delta s_B}{a}} = \sqrt{\frac{2 \cdot 45\ \mathrm{m}}{6\ \mathrm{m/s^2}}} = 3{,}873\ \mathrm{s}$$

$$v_B = a \cdot \Delta t_B = a \cdot \sqrt{\frac{2 \cdot \Delta s_B}{a}} = 6\frac{\mathrm{m}}{\mathrm{s^2}} \cdot \sqrt{\frac{2 \cdot 45\ \mathrm{m}}{6\ \mathrm{m/s^2}}} = 23{,}2379\ \mathrm{m/s}$$

$$v_B = 23{,}2379 \cdot 3{,}6\ \mathrm{km/h} = 83{,}6564\ \mathrm{km/h}$$

Berechnungsalternative 1:

$$v_B = 2 \cdot \Delta s_B / \Delta t_B = 2 \cdot 45\ \mathrm{m}/3{,}873\ \mathrm{s} = 23{,}2378\ \mathrm{m/s} = 83{,}6561\ \mathrm{km/h}$$

Berechnungsalternative 2 (Rückwärtsrechnung aus Stillstandsposition):

$$v_B = \sqrt{2 \cdot a \cdot \Delta s_B} = \sqrt{2 \cdot 6\frac{\mathrm{m}}{\mathrm{s^2}} \cdot 45\ \mathrm{m}} = 23{,}2379\ \mathrm{m/s} = 83{,}6564\ \mathrm{km/h}$$

Abweichungen in der vierten Nachkommastelle
ergeben sich durch Rundungsfehler.

Aufgabe 2.5.5

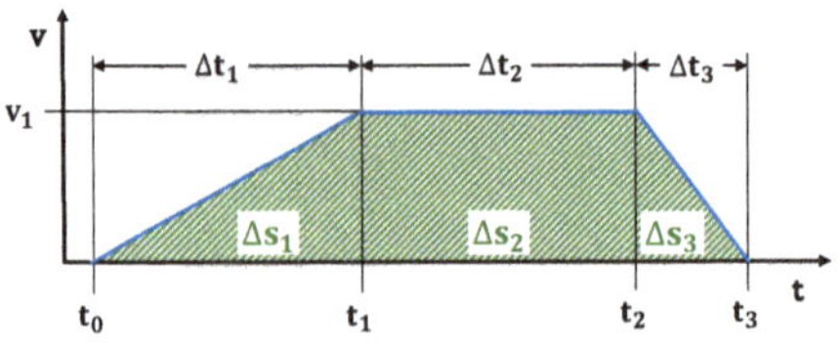

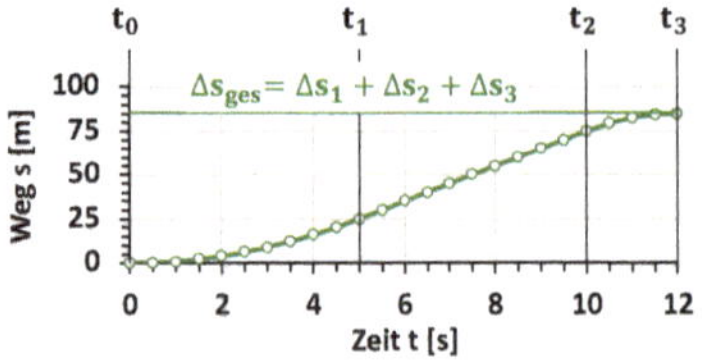

Zeitdauern für die einzelnen Wegstrecken:

$\Delta t_1 = t_1 - t_0 = 5\ \mathrm{s}$ $\qquad \Delta t_2 = t_2 - t_1 = 5\ \mathrm{s}$ $\qquad \Delta t_3 = t_3 - t_2 = 2\ \mathrm{s}$

Insgesamt zurückgelegter Weg:

$$\Delta s_{ges} = \Delta s_1 + \Delta s_2 + \Delta s_3$$

$$\Delta s_1 = \frac{1}{2} \cdot a_{0-1} \cdot \Delta t_1^2 = \frac{1}{2} \cdot 2\ \frac{\mathrm{m}}{\mathrm{s^2}} \cdot 5^2\ \mathrm{s^2} = 25\ \mathrm{m}$$

$$\Delta s_2 = v_1 \cdot \Delta t_2 = a_{0-1} \cdot \Delta t_1 \cdot \Delta t_2 = 2\ \frac{\mathrm{m}}{\mathrm{s^2}} \cdot 5\ \mathrm{s} \cdot 5\ \mathrm{s} = 10\ \frac{\mathrm{m}}{\mathrm{s}} \cdot 5\ \mathrm{s} = 50\ \mathrm{m}$$

Zu Aufgabe 2.5.5:

$$\Delta s_3 = v_1 \cdot \Delta t_3 - \frac{1}{2} \cdot a_{2-3} \cdot \Delta t_3^2 = v_1 \cdot \Delta t_3 - \frac{1}{2} \cdot \frac{v_1}{\Delta t_3} \cdot \Delta t_3^2$$

$$\Delta s_3 = 10\ \frac{m}{s} \cdot 2\ s - \frac{1}{2} \cdot \frac{10\ \frac{m}{s}}{2\ s} \cdot 2^2\ s^2 = (20 - 10)\ m = 10\ m$$

Oder Δs_3 aus Rückwärtsrechnung:

$$\Delta s_3 = \frac{1}{2} \cdot v_1 \cdot \Delta t_3 = \frac{1}{2} \cdot 10\ \frac{m}{s} \cdot 2\ s = 10\ m$$

Alle Werte eingesetzt und berechnet:

$$\Delta s_{ges} = (25 + 50 + 10)\ m = 85\ m$$

Aufgabe 2.6.1

a) Geschwindigkeit zum Zeitpunkt t_1:
$$v_1 = g \cdot t_1 = 9{,}81 \frac{m}{s^2} \cdot 2\ s = 19{,}62\ m$$

b) Geschwindigkeit zum Zeitpunkt t_2:
$$v_2 = g \cdot t_2 = 9{,}81 \frac{m}{s^2} \cdot 10\ s = 98{,}10\ m$$

c) Zurückgelegte Wegstrecke:
$$\Delta s = s_2 - s_1 = \frac{1}{2} \cdot g \cdot (t_2^2 - t_1^2) = \frac{1}{2} \cdot 9{,}81\ \frac{m}{s^2} \cdot (10^2 - 2^2)\ s^2 = 470{,}88\ m$$
Alternativrechnung:
$$\Delta s = \frac{v_2^2 - v_1^2}{2 \cdot g} = \frac{g^2 \cdot (t_2 - t_0)^2 - g^2 (t_1 - t_0)^2}{2 \cdot g}$$
$$\Delta s = \frac{g \cdot [(t_2 - t_0)^2 - (t_1 - t_0)^2]}{2} = \frac{9{,}81 \frac{m}{s^2} \cdot (10^2 - 2^2) s^2}{2} = 470{,}88\ m$$

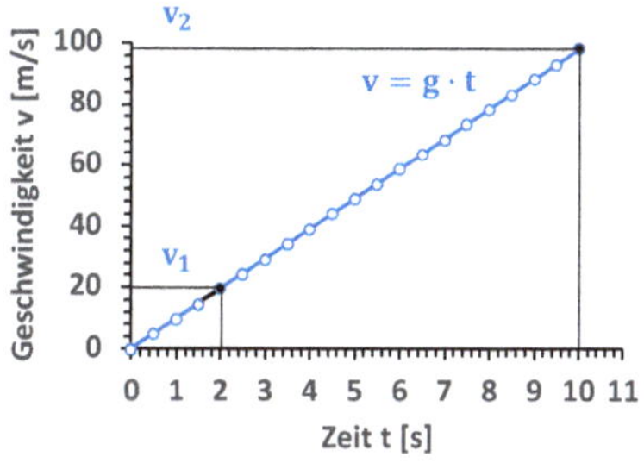

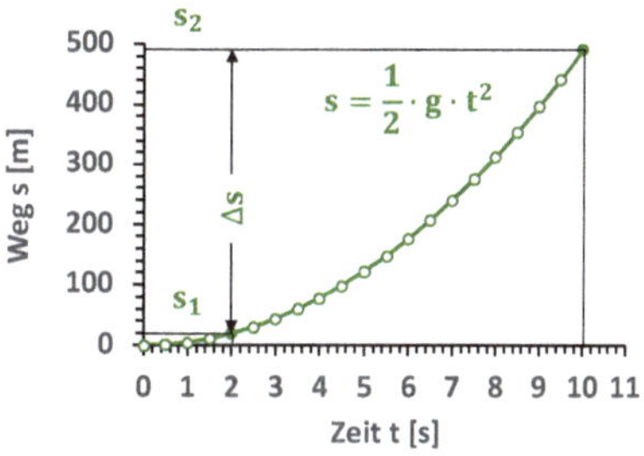

Aufgabe 2.6.2

Während der neunten Sekunde zurückgelegte Wegstrecke:

$$\Delta s = s_9 - s_8 = \frac{1}{2} \cdot g \cdot (t_9^2 - t_8^2) = \frac{1}{2} \cdot 9{,}81\ \frac{m}{s^2} \cdot (9^2 - 8^2)\ s^2 = 83{,}385\ m$$

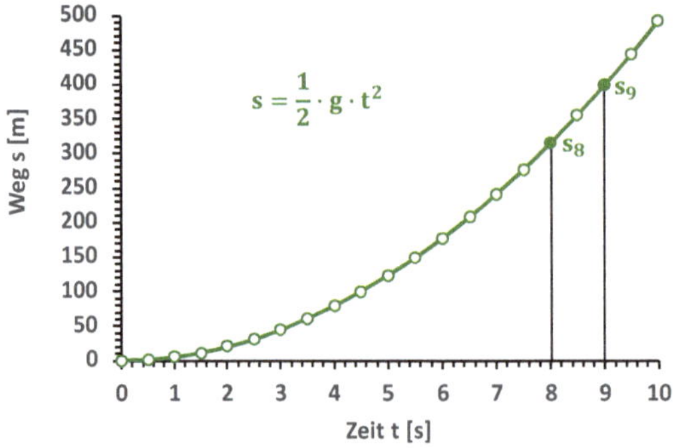

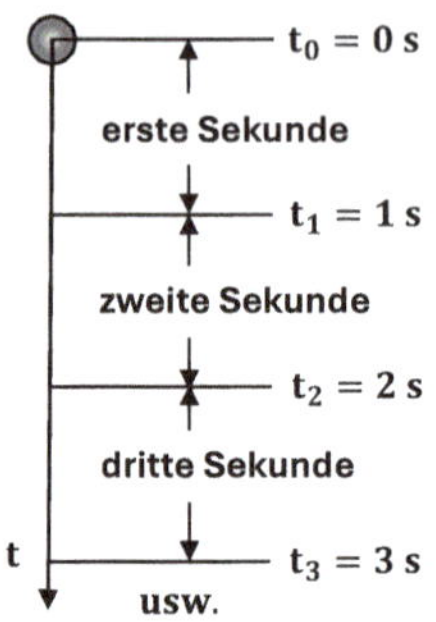

Aufgabe 2.6.3

Fallzeiten der Kugeln bei $\Delta t = 0{,}1$ s:
$t_1 = 0{,}1$ s; $t_2 = 0{,}2$ s; $t_3 = 0{,}3$ s; $t_4 = 0{,}4$ s

Fallhöhen h_n in Abhängigkeit von den Fallzeiten t_n der einzelnen Kugeln:

$$h_n = \frac{1}{2} \cdot g \cdot t_n^2$$

$$h_1 = \frac{1}{2} \cdot 9{,}81 \frac{m}{s^2} \cdot 0{,}1^2\ s^2 = 0{,}0491\ m$$

$$h_2 = \frac{1}{2} \cdot 9{,}81 \frac{m}{s^2} \cdot 0{,}2^2\ s^2 = 0{,}1962\ m$$

$$h_3 = \frac{1}{2} \cdot 9{,}81 \frac{m}{s^2} \cdot 0{,}3^2\ s^2 = 0{,}4415\ m$$

$$h_4 = \frac{1}{2} \cdot 9{,}81 \frac{m}{s^2} \cdot 0{,}4^2\ s^2 = 0{,}7848\ m$$

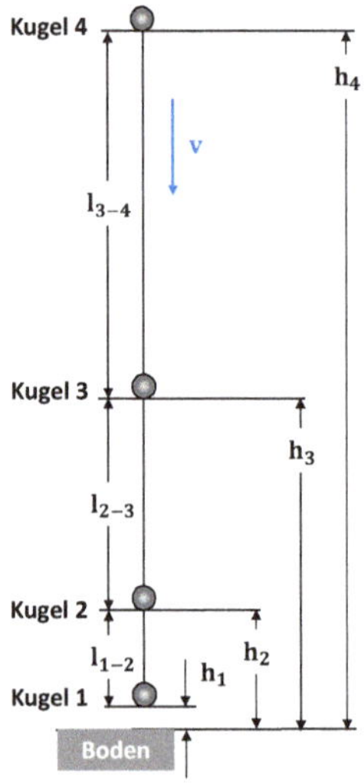

Abstände zwischen den Kugeln:

$$l_{1-2} = h_2 - h_1 = (0{,}1962 - 0{,}0491)\ m = 0{,}1417\ m$$

$$l_{2-3} = h_3 - h_2 = (0{,}4415 - 0{,}1962)\ m = 0{,}2453\ m$$

$$l_{3-4} = h_4 - h_3 = (0{,}7848 - 0{,}4415)\ m = 0{,}3433\ m$$

Aufgabe 2.6.4

a) Im höchsten Punkt beträgt die Geschwindigkeit der Kugel
$v_1 = 0\,\text{km/h}$

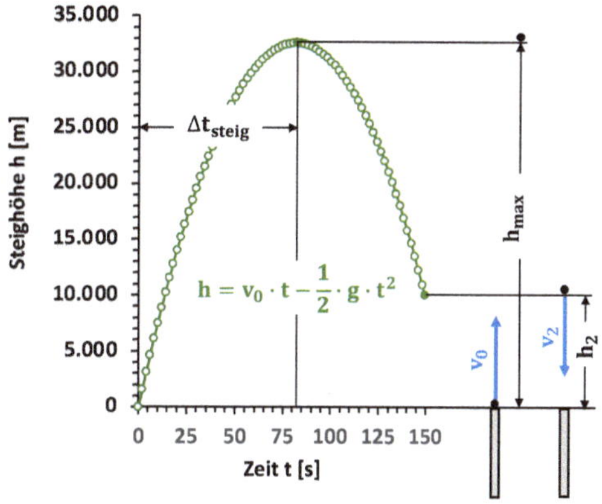

Somit gilt:
$v_1 = v_0 - g \cdot \Delta t_{steig} = 0 \text{ km/h}$
Umgestellt eingesetzt und berechnet:

$$\Delta t_{steig} = \frac{v_0}{g} = \frac{2.880 \text{ m/s}}{3{,}6 \cdot 9{,}81 \text{ m/s}^2} = 81{,}549 \text{ s}$$

b) Maximale Steighöhe:

$$h_{max} = v_0 \cdot \Delta t_{steig} - \frac{1}{2} \cdot g \cdot \Delta t_{steig}^2$$

$$h_{max} = \frac{2.880}{3{,}6} \frac{\text{m}}{\text{s}} \cdot 81{,}549 \text{ s} - \frac{9{,}81}{2} \frac{\text{m}}{\text{s}^2} \cdot 81{,}549^2 \text{ s}^2 = 32.619{,}776 \text{ m}$$

c) Geschwindigkeit der zurückfallenden Kugel in der Höhe h_2:

$$v_2 = \sqrt{2 \cdot g \cdot \Delta h} = g \cdot (h_{max} - h_2)$$

$$v_2 = \sqrt{2 \cdot 9{,}81 \frac{m}{s^2} \cdot (32.619{,}776 - 10.000)\, m}$$

$$v_2 = 666{,}183 \frac{\text{m}}{\text{s}} = 666{,}183 \cdot 3{,}6 \text{ km/h} = 2.398{,}259 \text{ km/h}$$

Probe:

Im weiteren freien Fall muss die Kugel wieder die Mündungsgeschwindigkeit v_0 erreichen:

$$v = \sqrt{v_2^2 + 2 \cdot g \cdot h_2} = \sqrt{666{,}183^2 \frac{\text{m}^2}{\text{s}^2} + 2 \cdot 9{,}81 \frac{\text{m}}{\text{s}^2} \cdot 10.000 \text{ m}} = 800 \text{ m/s}$$

$$v = 800 \cdot 3{,}6 \text{ km/h} = 2.880 \text{ km/h} = v_0.$$

Aufgabe 2.7.1

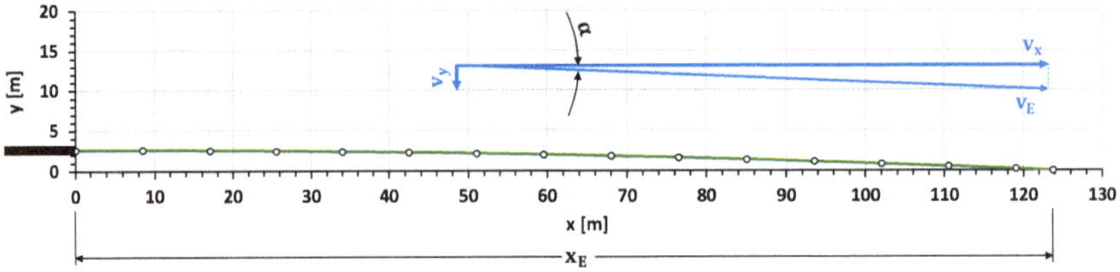

a) Fallzeit Δt_{Fall} bis zur Wasseroberfläche:

$$h = \frac{1}{2} \cdot g \cdot \Delta t_{Fall}^2 \qquad \rightarrow \qquad \Delta t_{Fall} = \sqrt{\frac{2 \cdot h}{g}}$$

Flugdistanz:

$$x_E = v_0 \cdot \Delta t_{Fall} = v_0 \cdot \sqrt{\frac{2 \cdot h}{g}} = 170 \ \frac{m}{s} \cdot \sqrt{\frac{2 \cdot 2{,}6 \ m}{9{,}81 \ m/s^2}} = 123{,}77 \ m$$

b) Horizontalgeschwindigkeit:
$v_x = const. = v_0 = 170 \ m/s$

Vertikalgeschwindigkeit beim Aufschlag auf dem Wasser:

$$v_y = g \cdot \Delta t_{Fall} = g \cdot \sqrt{\frac{2 \cdot h}{g}} = 9{,}81 \ \frac{m}{s^2} \cdot \sqrt{\frac{2 \cdot 2{,}6 \ m}{9{,}81 \ \frac{m}{s^2}}} = 7{,}14 \ m/s$$

Einschlagwinkel:

$$\tan \alpha = \frac{v_y}{v_x} = \frac{g \cdot \sqrt{\frac{2 \cdot h}{g}}}{179 \ m/s} = \frac{9{,}81 \ \frac{m}{s^2} \cdot \sqrt{\frac{2 \cdot 2{,}6 \ m}{9{,}81 \ m/s^2}}}{170 \ m/s} = 0{,}042 \qquad \rightarrow \qquad \alpha = 2{,}41°$$

c) Betrag der Einschlaggeschwindigkeit:

$$v_E = \sqrt{v_x^2 + v_y^2} = \sqrt{170^2 + 7{,}14^2} \ m/s = 170{,}15 \ m/s$$

alternative Berechnung:

$$v_E = \frac{v_x}{\cos \alpha} = \frac{170}{\cos 2{,}41°} = 170{,}15 \ m/s$$

Aufgabe 2.7.2

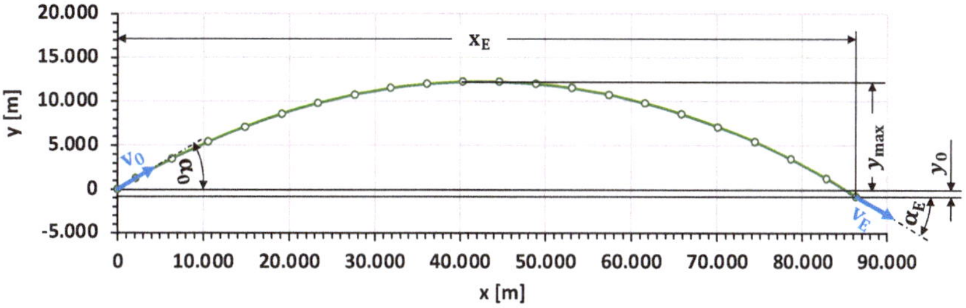

a) Bezogen auf die Mündung erreicht die Kugel zunächst die maximale Steighöhe y_{max} (siehe Beispiel 2.1.7.1):

$$v_0 \cdot \sin\alpha_0 - g \cdot \Delta t_{Steig} = 0 \text{ m/s} \qquad \rightarrow \qquad \Delta t_{Steig} = \frac{v_0 \cdot \sin\alpha_0}{g}$$

$$\Delta t_{Steig} = \frac{981\,\frac{m}{s} \cdot \sin 30°}{9{,}81 \text{ m/s}^2} = 50 \text{ s}$$

$$y_{max} = v_0 \cdot \sin\alpha_0 \cdot \Delta t_{Steig} - \frac{1}{2} \cdot g \cdot \Delta t_{Steig}^2$$

$$y_{max} = 981\,\frac{m}{s} \cdot \sin 30° \cdot 50 \text{ s} - \frac{1}{2} \cdot 9{,}81\,\frac{m}{s^2} \cdot 50^2 \text{ s}^2 = 12.262{,}50 \text{ m}$$

Die anschließende Fallhöhe beträgt $h_{Fall} = y_{max} + y_0$
Daraus ergibt sich als senkrechte Komponente $v_E \cdot \sin\alpha_E$
der Auftreffgeschwindigkeit v_E auf dem Meeresspiegel:

$$v_E \cdot \sin\alpha_E = \sqrt{2 \cdot g \cdot h_{Fall}} = \sqrt{2 \cdot g \cdot (y_{max} + y_0)}$$

$$v_E \cdot \sin\alpha_E = \sqrt{2 \cdot 9{,}81\,\frac{m}{s^2} \cdot (12.262{,}50 + 800)\text{m}} = 506{,}2472 \text{ m/s}$$

Senkrechte Komponente der resultierende Einschlaggeschwindigkeit:

$$v_0 \cdot \cos\alpha_0 = 981\,\frac{m}{s} \cdot \cos 30° = 849{,}5709\,\frac{m}{s}$$

Die resultierende Einschlaggeschwindigkeit ergibt sich nach Pythagoras aus der senkrechten Komponente $v_E \cdot \sin\alpha_E$ und der konstanten waagerechten Komponente $v_0 \cdot \cos\alpha_0$:

$$v_E = \sqrt{(v_0 \cdot \cos\alpha_0)^2 + (v_E \cdot \sin\alpha_E)^2} = \sqrt{(849{,}5709^2 + 506{,}2472) \text{ m}^2/\text{s}^2}$$
$$v_E = 988{,}9676 \text{ m/s} = 3.560{,}2834 \text{ km/h}$$

b) Einschlagwinkel:

$$\tan\alpha_E = \frac{v_E \cdot \sin\alpha_E}{v_0 \cdot \cos\alpha_0} = \frac{506{,}2472 \text{ m/s}}{981{,}0\,\frac{m}{s} \cdot \cos 30°} = 0{,}5959 \qquad \rightarrow \qquad \alpha_E = 30{,}79°$$

Zu Aufgabe 2.7.2

a) Die horizontale Entfernung x_E kann mit der Summe aus Steig- und Falldauer berechnet werden (siehe Beispiel 2.7.1).

Steigdauer:

$$\Delta t_{Steig} = \sqrt{\frac{2 \cdot y_{max}}{g}} = \sqrt{\frac{2 \cdot 12.262{,}5\ \mathrm{m}}{9{,}81\ \mathrm{m/s^2}}} = 50\ \mathrm{s}$$

Falldauer:

$$\Delta t_{Fall} = \sqrt{\frac{2 \cdot (y_{max} + y_0)}{g}} = \sqrt{\frac{2 \cdot (12.262{,}5 + 800)\mathrm{m}}{9{,}81\ \mathrm{m/s^2}}} = 51{,}6052\ \mathrm{s}$$

Horizontale Entfernung (bezogen auf die Mündung):

$$x_E = v_0 \cdot \cos\alpha \cdot (\Delta t_{Steig} + \Delta t_{Fall}) = 981\ \frac{\mathrm{m}}{\mathrm{s}} \cdot \cos 30° \cdot (50 + 51{,}6052)\ \mathrm{s}$$

$$x_E = 86.320{,}8416\ \mathrm{m}$$

Aufgabe 2.7.3

a) Die gesamte Flugdauer Δt_{max}des Geschosses ist die Summe aus der Steigdauer Δt_{Steig} des Geschosses bis zur maximalen Flughöhe und der anschließenden Falldauer Δt_{Fall}.
Die Steigdauer beträgt:

$$\Delta t_{Steig} = \frac{v_0 \cdot \sin\alpha_0}{g}$$

Da das Geschoss bis zum Einschlag im Ziel wieder auf die Mündungshöhe ($y = 0$ m) zurückfällt, ist $\Delta t_{Fall} = \Delta t_{Steig}$.
Somit beträgt die gesamte Flugdauer:

$$\Delta t_{max} = \Delta t_{Steig} + \Delta t_{Fall} = 2 \cdot \Delta t_{Steig} = \frac{2 \cdot v_0 \cdot \sin\alpha}{g}$$

Während der gesamten Flugdauer legt das Geschoss die horizontale Strecke x_E zurück.

$$x_E = v_0 \cdot \cos\alpha_0 \cdot \Delta t_{max} = v_0 \cdot \cos\alpha_0 \cdot \frac{2 \cdot v_0 \cdot \sin\alpha_0}{g} = \frac{2 \cdot v_0^2 \cdot \cos\alpha_0 \cdot \sin\alpha_0}{g}$$

Umgestellt:

$$\frac{x_E \cdot g}{2 \cdot v_0^2} = \cos\alpha_0 \cdot \sin\alpha_0$$

Zur Auflösung kann die trigonometrische Doppelwinkelformel verwendet werden:

$$\boldsymbol{\sin\alpha \cdot \cos\alpha = \frac{1}{2} \cdot \sin 2\alpha}$$

<u>Zu Aufgabe 2.7.3:</u>

a) Hiermit ergibt sich der Abschusswinkel:

$$\sin\alpha_0 \cdot \cos\alpha_0 = \frac{1}{2} \cdot \sin 2\alpha_0$$

$$\frac{x_E \cdot g}{2 \cdot v_0^2} = \frac{1}{2} \cdot \sin 2\alpha_0 \quad \rightarrow \quad \sin 2\alpha = \frac{x_E \cdot g}{v_0^2} = \frac{17.035\ \text{m} \cdot 9{,}81\ \frac{\text{m}}{\text{s}^2}}{981^2\ \frac{\text{m}^2}{\text{s}^2}}$$

$$\sin 2\alpha = 0{,}1736 \quad \rightarrow \quad 2\alpha = 10° \quad \rightarrow \quad \alpha = 5°$$

Zudem gilt der trigonometrische Zusammenhang:

$\mathbf{\sin 2\alpha = \sin(180° - 2\alpha)}$

Daraus folgt, dass es noch einen zweiten Abschusswinkel α_0^* gibt, mit dem ebenfalls bei gegebener Mündungsgeschwindigkeit $v_0 = 981\ \text{m/s}$ die horizontale Strecke $x_E = 17.035$ m beträgt.

$$\sin(180° - 2\alpha^*) = 0{,}1736 \quad \rightarrow \quad 180° - 2\alpha^* = 10°$$

$$\alpha^* = \frac{180° - 10°}{2} = 85°$$

Als anschauliche Bestätigung lassen sich mit den gegebenen Werten ($v_0 = 981\ \text{m/s}$; $\alpha_0 = 5°$; $\alpha_0^* = 85°$) zwei Flugparabeln des Geschosses zeichnen, bei denen die horizontale Entfernung $x_E = 17.035$ m beträgt.

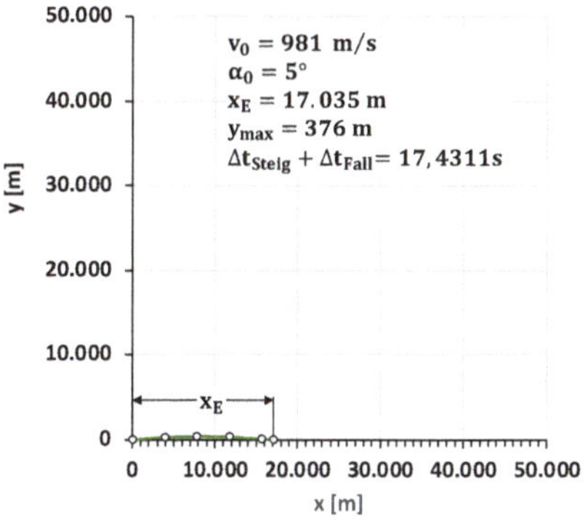

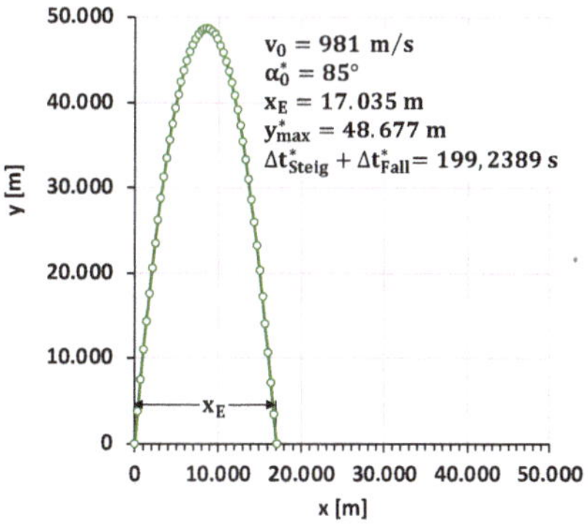

Hierfür ergeben sich die maximalen Steigdauern und Gesamtflugdauern:

$$\Delta t_{Steig} = \frac{v_0 \cdot \sin\alpha_0}{g} = \frac{981\ \frac{\text{m}}{\text{s}} \sin 5°}{9{,}81\ \frac{\text{m}}{\text{s}^2}} = 8{,}7156\ \text{s}$$

$$\Delta t_{max} = \Delta t_{Steig} + \Delta t_{Fall} = 2 \cdot \Delta t_{Steig} = 17{,}4311\ \text{s}$$

$$\Delta t_{Steig}^* = \frac{v_0 \cdot \sin\alpha_0^*}{g} = \frac{981\ \frac{\text{m}}{\text{s}} \cdot \sin 85°}{9{,}81\ \frac{\text{m}}{\text{s}^2}} = 99{,}6195\ \text{s}$$

$$\Delta t_{max}^* = \Delta t_{Steig}^* + \Delta t_{Fall}^* = 2 \cdot \Delta t_{Steig}^* = 199{,}2389\ \text{s}$$

Zu Aufgabe 2.7.3:

a) Die horizontalen Strecken bis zum Einschlag sind gleich:

$$x_E = v_0 \cdot \cos\alpha_0 \cdot \Delta t_{max} = 981\ \frac{m}{s} \cdot \cos 5° \cdot 17{,}4311\ s = 17.035\ m$$

$$x_E = v_0 \cdot \cos\alpha_0^* \cdot \Delta t_{max}^* = 981\ \frac{m}{s} \cdot \cos 85° \cdot 199{,}2389\ s = 17.035\ m$$

Bei bewegtem Ziel wird man wegen der kürzeren Gesamtflugdauer den flacheren Abschusswinkel α_0 wählen.

b) Die maximalen Steighöhen sind unterschiedlich:

$$y_{max} = v_0 \cdot \sin\alpha_0 \cdot \Delta t_{Steig} - \frac{g}{2}\Delta t_{Steig}^2$$

$$y_{max} = 981\ \frac{m}{s} \cdot \sin 5° \cdot 8{,}7156\ s - \frac{9{,}81\ \frac{m}{s^2}}{2} \cdot 8{,}7156^2\ s^2 = 376\ m$$

$$y_{max}^* = v_0 \cdot \sin\alpha_0^* \cdot \Delta t_{Steig}^* - \frac{g}{2}\Delta t_{Steig}^{*2}$$

$$y_{max}^* = 981\ \frac{m}{s} \cdot \sin 85° \cdot 99{,}6195\ s - \frac{9{,}81\ \frac{m}{s^2}}{2} \cdot 99{,}6195^2\ s^2 = 48.677\ m$$

3 STATIK

3.1 Statik der Kräfte

Als Teilgebiet der Mechanik befasst sich die Statik mit Kräften (und Drehmomenten), die sich im Gleichgewicht befinden. Wie in **Abbildung 3-1** veranschaulicht befinden sich zwei Kräfte im statischen Gleichgewicht, wenn sie

a) den gleichen Betrag haben
b) in entgegengesetzten Richtungen wirken
c) die gleiche Wirklinie haben (d. h. kollinear sind).

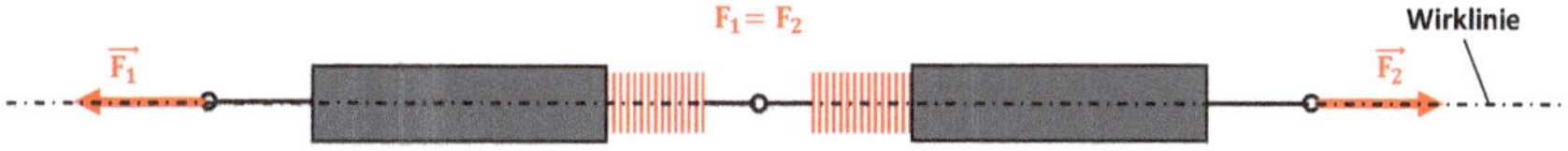

Abbildung 3-1: Zwei Kräfte im statischen Gleichgewicht

Nach dem dritten Newtonschen Axiom (Actio = Reactio) gibt es zu jeder Kraft eine Gegenkraft, die auf der gleichen Wirklinie in entgegengesetzter Richtung wirkt **Abbildung 3-2**.

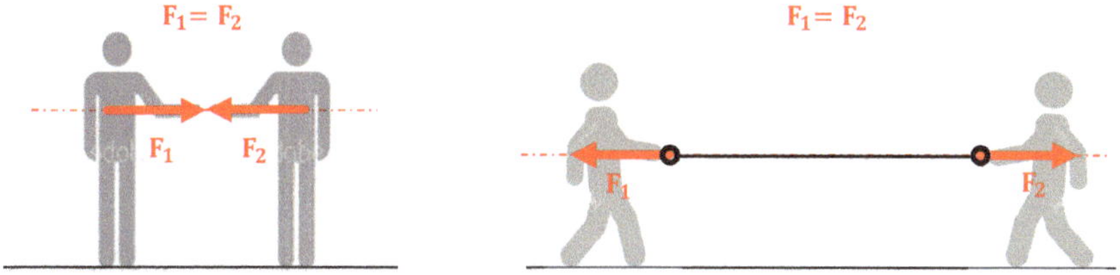

Abbildung 3-2: Kraft und Gegenkraft

Kräfte sind Vektoren und haben somit einen Betrag, eine ihren Angriffspunkt schneidende Wirklinie und eine Richtung. Die Wirkung einer Kraft bleibt unverändert, wenn sie entlang ihrer Wirklinie verschoben wird. Wie in **Abbildung 3-3** veranschaulicht, ändern sich die Kräfte in den Auflagern eines Balkens nicht, wenn das belastende Gewicht direkt auf dem Balken liegt oder in verschiedenen Positionen an einem Seil darunter hängt.

Weil ein gespanntes Seil nur Zugkräfte übertragen kann verläuft es kollinear mit der Wirklinie der an seinen Enden wirkenden Zugkräfte. Stäbe, wie sie beispielsweise in Fachwerken vorkommen, können an ihren Enden Druckkräfte und Zugkräfte in deren Wirkrichtung übertragen, **Abbildung 3-4**. Im Zustand des statischen

A. Berg, *Tutorial zu ausgewählten Themen der Technischen Mechanik*,
https://doi.org/10.1007/978-3-658-52068-7_3

Gleichgewichts haben die an den Enden von Seil bzw. Stab angreifenden Kräfte den gleichen Betrag.

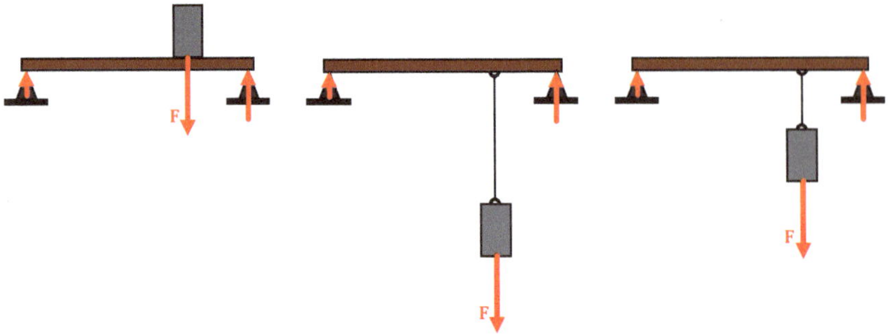

Abbildung 3-3: Entlang ihrer Wirklinie verschobene Kraft mit jeweils gleicher Wirkung

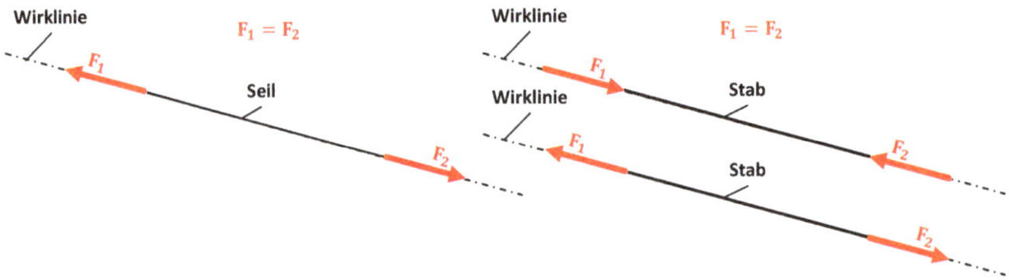

Abbildung 3-4: An den Enden eines gerade gespannten Seils wirkende Zugkräfte bzw. an den Enden eines geraden Stabs wirkende Zug- und Druckkräfte

Die Gewichtskraft F_G eines Körpers ergibt sich aus seiner Masse m und der Erdbeschleunigung g (1 g = 9,81 m/s^2). Sie greift im Schwerpunkt der Masse an und wirkt senkrecht nach unten.

$$\mathbf{F_G = m \cdot g}$$

Daraus ergibt sich auch die nach dem britischen Physiker, Mathematiker und Astronomen Isaac Newton (1643 - 1727) benannte Einheit der Kraft: 1 N = 1 $kg\,m/s^2$.

Abbildung 3-5 zeigt beispielhaft eine Kugel die sich in Ruhe befindet, wenn an ihr entgegen der Gewichtskraft F_G und damit kollinear eine nach oben gerichtete betragsgleiche Kraft F_1 angreift. Die Kugel bleibt in Ruhe, wenn zusätzlich die Kräfte F_2 und F_3 in horizontaler Richtung mit jeweils gleicher, den Schwerpunkt schneidender Wirklinie in entgegengesetzter Richtung angreifen.

Abbildung 3-5: An einer Kugel angreifende Kräfte im Gleichgewicht

Allgemein befindet sich ein Körper im statischen Gleichgewicht (Zustand der Ruhe), wenn die Summe aller auf ihn einwirkenden Kräfte gleich Null ist.

$$\sum_{i=1}^{n} F_i = 0$$

Betrachtet man die Kräfte im dreidimensionalen Raum, gilt die Gleichgewichtsbedingung in allen drei Richtungen (x,y,z).

$$\sum_{i=1}^{n} F_{xi} = 0 \qquad \sum_{i=1}^{n} F_{yi} = 0 \qquad \sum_{i=1}^{n} F_{zi} = 0$$

Wegen der einfacheren Darstellung beschränken sich in der Regel Aufgaben aus der Statik auf eine oder zwei Dimensionen (x-Richtung bzw. x,y-Ebene).

Abbildung 3-6 veranschaulicht links ein eindimensionales Kräftegleichgewicht, bei dem die Gewichtskraft F_G einer Kugel und die Auflagekraft F_1 kollinear, entgegengerichtet und betragsgleich sind. Rechts befindet sich die Kugel ebenfalls im statischen Gleichgewicht, wobei die Gewichtskraft F_G wiederum nach unten wirkt und über Stempel von außen die Kräfte F_1 und F_2 angreifen.

Ein Kraftvektor kann (wie ein Geschwindigkeitsvektor, siehe Kapitel 2.3) in beliebige Komponenten zerlegt werden. Häufig werden Kraftwirkungen in der x,y-Ebene behandelt. Hierbei lassen sich die Beträge der x- und y-Komponenten mit Anwendung von Winkelfunktionen berechnen. Ebenfalls anwendbar sind die Beziehungen im rechtwinkligen Dreieck nach dem Satz von Pythagoras ($c^2 = a^2 + b^2$), .

In der Regel wird bei der Lösung entsprechender Aufgaben der Einfluss von Reibung vernachlässigt.

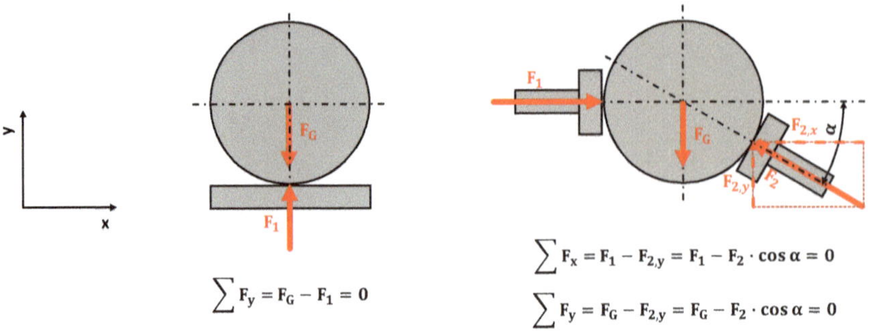

Abbildung 3-6: Beispiele zum eindimensionalen und zweidimensionalen Kräftegleichgewicht

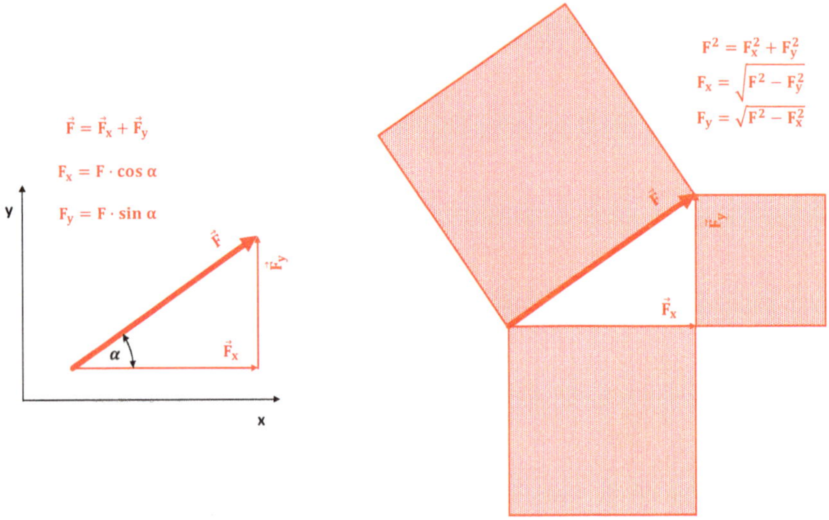

Abbildung 3-7: Bestimmung der Komponenten eines Kraftvektors mit Anwendung von Winkelfunktionen oder des Satzes von Pythagoras

Wie in **Abbildung 3-8** links dargestellt, wird bei der vektoriellen Addition der Kräfte $\vec{F}_1$ und $\vec{F}_2$ der Fuß des zweiten Vektors $\vec{F}_2$ an die Spitze des ersten Vektors $\vec{F}_1$ angehängt und der Summenvektor $\vec{F}_1 + \vec{F}_2$ verläuft vom Fuß des ersten Vektors zur Spitze des zweiten Vektors. Alternativ ergibt sich die Summe zweier Kräfte mit einem gemeinsamen Angriffspunkt aus einer Parallelogramm-Konstruktion (Kräfte-Parallelogramm). Die Summe der Kraftvektoren wird auch als deren Resultierende bezeichnet. Bei dem in **Abbildung 3-8** rechts veranschaulichten Beispiel ist die nach oben gerichtete Resultierende der Kräfte $\vec{F}_1$ und $\vec{F}_2$ mit der nach unten gerichteten Kraft $-(\vec{F}_1 + \vec{F}_2)$ im statischen Gleichgewicht.

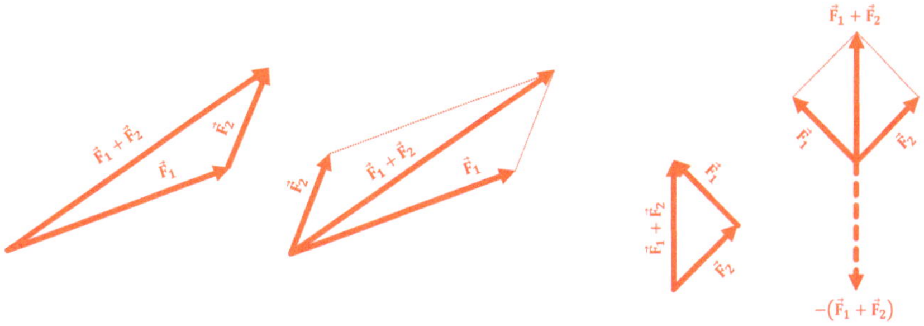

Abbildung 3-8: Verschiedene Darstellungen der Addition zweier Kraftvektoren

Beispiel 3.1.1

Wie in der Abbildung rechts dargestellt, greifen an einer Kugel mit der Gewichtskraft $F_G = 2\,N$ in x-Richtung die Kraft $F_1 = 3{,}46\,N$ und unter dem Winkel α die Kraft F_2 an.
Sämtliche Wirklinen der Kräfte schneiden sich im Mittelpunkt der Kugel.

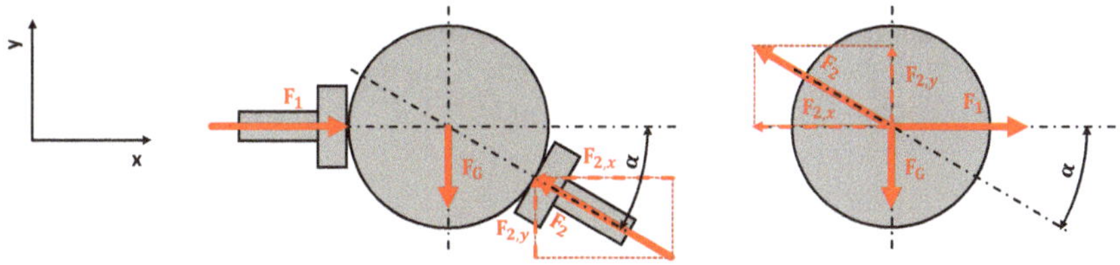

Wie groß müssen die Beträge des Winkels α und der Kraft F_2 sein, damit sich die Kugel im statischen Gleichgewicht befindet?

Kräftegleichgewicht in x-Richtung:

$$\sum F_x = 0 \qquad \rightarrow \qquad F_1 - F_{2,x} = 0$$

$$F_1 - F_2 \cdot \cos\alpha = 0$$

$$F_2 = \frac{F_1}{\cos\alpha}$$

Kräftegleichgewicht in y-Richtung:

$$\sum F_y = 0 \qquad \rightarrow \qquad F_G - F_{2,y} = 0$$

$$F_G - F_2 \cdot \sin\alpha = 0$$

$$F_2 = \frac{F_G}{\sin\alpha}$$

Zu Beispiel 3.1.1

$$\frac{F_G}{\sin\alpha} = \frac{F_1}{\cos\alpha}$$

$$\frac{\sin\alpha}{\cos\alpha} = \tan\alpha = \frac{F_G}{F_1} = \frac{2\ N}{3{,}46\ N} = 0{,}578 \qquad \rightarrow \alpha = 30{,}0294°$$

$$F_2 = \frac{F_G}{\sin\alpha} = \frac{2\ N}{\sin 30{,}0294°} = 3{,}9964\ N$$

Alternative Lösung:
Im Gleichgewichtszustand muss die Resultierende aus F_G und F_1 kollinear entgegengesetzt zur Kraft F_2 wirken und den gleichen Betrag wie diese Resultierende haben. Somit gilt:

$$F_2 = \sqrt{F_G^2 + F_1^2} = \sqrt{2^2 + 3{,}46^2}\ N = 3{,}9964\ N$$

Beispiel 3.1.2

Drei Kugeln mit den Massen $m_1 = 2{,}6$ kg, $m_2 = 3{,}0$ kg und $m_3 = 1{,}5$ kg sind wie im Bild dargestellt an über zwei feste Rollen geführten Seilen aufgehängt und befinden sich im statischen Gleichgewicht.

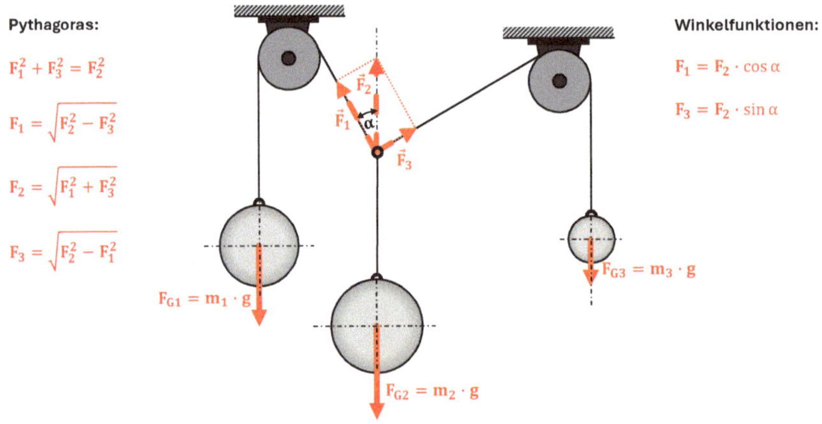

a) Welchen Betrag haben die Kräfte F_1, F_2 und F_3?
b) Wie groß ist der Winkel α?

Zu Beispiel 3.1.2

a) Da sich entlang des Seils die Kräfte nicht ändern,
sondern lediglich an den festen Rollen umgelenkt werden, gilt:

$F_1 = F_{G1} = m_1 \cdot g = 1{,}5\ \mathrm{kg} \cdot 9{,}81\ \mathrm{m/s^2} = 14{,}715\ \mathrm{kg\,m/s_2} = 14{,}715\ \mathrm{N}$

$F_2 = F_{G2} = m_2 \cdot g = 2{,}6\ \mathrm{kg} \cdot 9{,}81\ \mathrm{m/s^2} = 25{,}506\ \mathrm{kg\,m/s^2} = 25{,}506\ \mathrm{N}$

Der Verlauf der Seile ergibt in deren Schnittpunkt ein Kräfteparallelogramm.
Aus dem Kräftegleichgewicht in senkrechter Richtung folgt:

$F_3 = F_{G3} = m_3 \cdot g = 3{,}0\ \mathrm{kg} \cdot 9{,}81\ \mathrm{m/s^2} = 29{,}43\ \mathrm{kg\,m/s^2} = 29{,}430\ \mathrm{N}$

b) Entsprechen den Winkelfunktionen gilt:

$$\sin\alpha = \frac{F_3}{F_2} = \frac{F_{G3}}{F_{G2}} = \frac{m_3 \cdot g}{m_2 \cdot g} = \frac{m_3}{m_2} = \frac{1{,}5\ \mathrm{kg}}{3{,}0\ \mathrm{kg}} = 0{,}50 \quad \rightarrow \quad \alpha = 30°$$

$$\cos\alpha = \frac{F_1}{F_2} = \frac{F_1}{F_{G2}} = \frac{m_1 \cdot g}{m_2 \cdot g} = \frac{m_1}{m_2} = \frac{2{,}6\ \mathrm{kg}}{3{,}0\ \mathrm{kg}} = 0{,}8660 \quad \rightarrow \quad \alpha = 30°$$

Bestätigung des Gleichgewichts in horizontaler Richtung:

$F_1 \cdot \sin\alpha = F_3 \cdot \sin(90° - \alpha)$

$m_1 \cdot g \cdot \sin\alpha = m_3 \cdot g \cdot \sin(90° - \alpha) \quad \rightarrow \quad m_1 \cdot \sin\alpha = m_3 \cdot \sin(90° - \alpha)$

$2{,}6\ \mathrm{kg} \cdot \sin 30° = 1{,}5\ \mathrm{kg} \cdot \sin 60°$

$1{,}3\ \mathrm{kg} = 1{,}3\ \mathrm{kg}$

Aufgabe 3.1.1

Wie im Bild dargestellt ist eine Kugel mit der Gewichtskraft $F_G = 3\ \mathrm{N}$
an drei in einem Punkt zusammenlaufenden Seilen aufgehängt.
Das linke Seil verläuft in x-Richtung und hier wirkt die Kraft $F_1 = 1{,}3\ \mathrm{N}$.
Das obere rechte Seil bildet mit der y-Achse den Winkel α.
Wie groß sind die Beträge des Winkels α und der Kraft F_2?

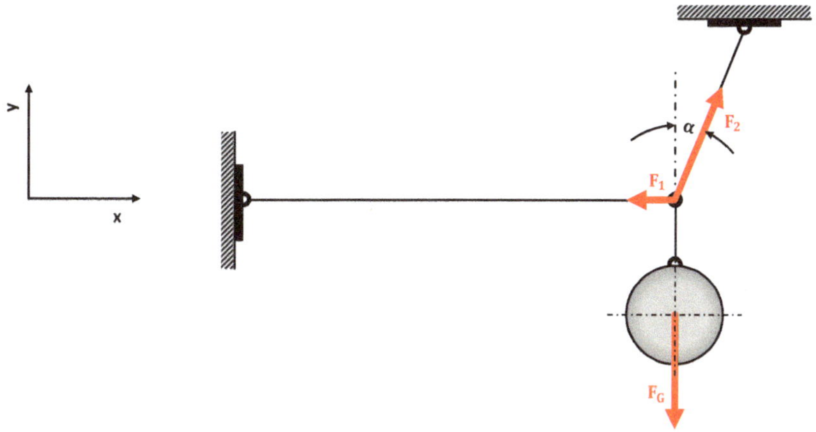

Aufgabe 3.1.2

Ein Klotz mit der Gewichtskraft $F_G = 600$ N ist an zwei Seilen aufgehängt.
Die Seile schließen den Winkel $\alpha = 90°$ ein.
Wie groß sind die Beträge der Kräfte F_1 und F_2 in den Halteseilen?

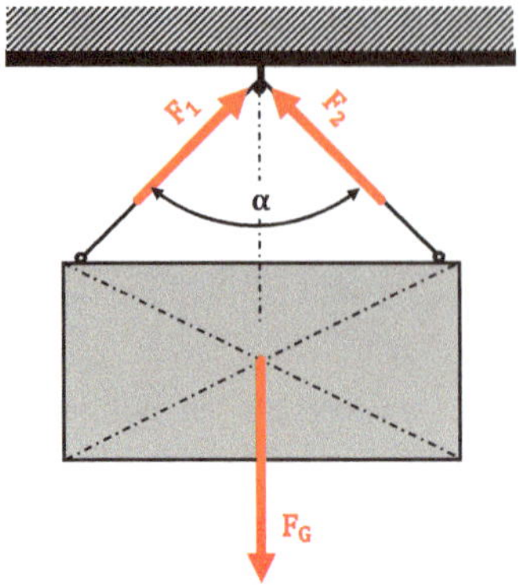

Aufgabe 3.1.3

Wie im Bild dargestellt sind drei Kugeln an drei Seilen aufgehängt.
Im Schnittpunkt bilden die beiden schrägen Seile den Winkel $\alpha = 90°$.
Bekannt sind die Massen $m_1 = 9$ kg und $m_3 = 4$ kg.
Wie groß ist die Masse m_2?

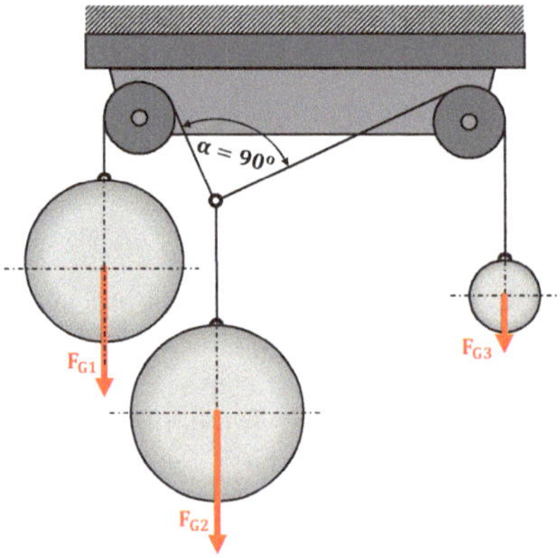

Aufgabe 3.1.4

Der im Bild skizzierte Ständer ist mit der Masse $m = 10$ kg belastet.
Wie groß sind die auf den Boden wirkenden Reaktionskräfte F_1 und F_2, sowie F_3 und F_4?

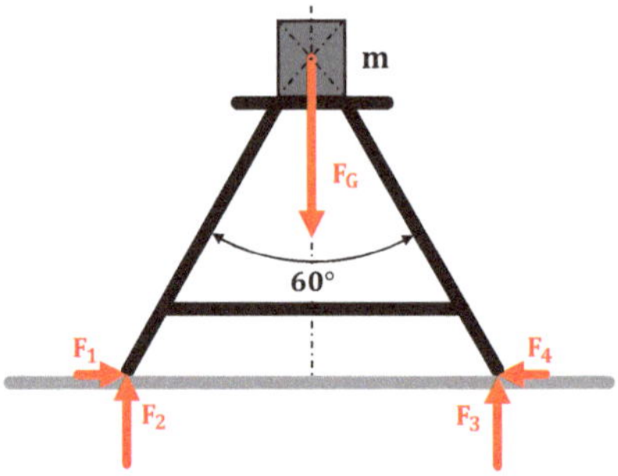

3.2 Kräfte im Seil mit fester und loser Rolle

Bei direkter Aufhängung einer Last wirkt im an der Verankerung befestigten Seil die Gewichtskraft F_G, **Abbildung 3-9**, links. Ist die Last mit einem umlaufenden Seil an einer fest mit einem anderen Seil aufgehängten Rolle befestigt, wird im umlaufenden Seil die Gewichtskraft F_G umgelenkt. Dann wirkt am anderen Ende dieses Seils (Zugseilende) ebenfalls die Gewichtskraft sowie an der Verankerung des die Rolle tragenden Seils die doppelte Gewichtskraft, **Abbildung 3-9**, Mitte. Ist die Last an einem Seil im Drehlager einer losen Rolle befestigt, und ein Ende des um die Rolle geführten Seils fest verankert, erfolgt am entsprechenden Seilende eine Übertragung der halben Gewichtskraft in die Verankerung. In diesem Fall ist am anderen Seilende (Zugseil) ebenfalls nur die halbe Gewichtskraft aufzubringen, **Abbildung 3-9**, rechts. Diese Zusammenhänge ergeben sich aus dem unveränderten Betrag der Kraft im umlaufenden Seil sowie dem vertikalen Kräftegleichgewicht bei jeweils senkrechtem Seilverlauf. Verlaufen die Seile schräg, sind zugehörige Winkel zu berücksichtigen. Beim Lösen entsprechender Aufgaben wird das Gewicht der Rollen und Reibung in den Rollenlagerungen in der Regel vernachlässigt.

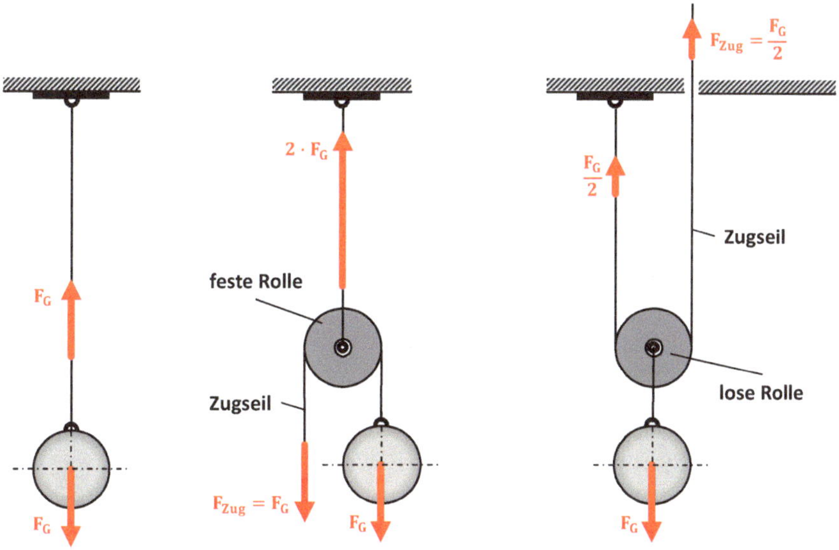

Abbildung 3-9: Kräfte im Seil bei direkter Aufhängung einer Last und Aufhängung an einer festen bzw. losen Rolle

Beispiel 3.2.1

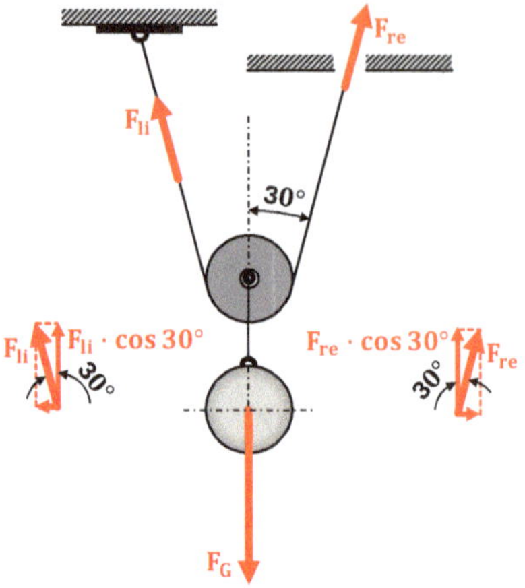

Eine Kugel mit
der Gewichtskraft $F_G = 20$ N
ist wie im Bild dargestellt
an einer losen Rolle aufgehängt.
Wie groß sind die Beträge der im Seil
wirkenden Kräfte F_{li} und F_{ri}?
Die Reibung und das Gewicht
der Rollen sind zu vernachlässigen.

Senkrechtes Kräftegleichgewicht:
$F_G - F_{Li} \cdot \cos 30° - F_{re} \cdot \cos 30° = 0$

Waagerechtes Kräftegleichgewicht:
$F_{Li} \cdot \sin 30° - F_{re} \cdot \sin 30° = 0$

Kräfte im umlaufenden Seil:

$F_{li} = F_{re}$

$F_G - 2 \cdot F_{Li} \cos 30° = 0$

$$F_{li} = \frac{F_G}{2 \cdot \cos 30°} = 11{,}55 \text{ N}$$

$F_{re} = 11{,}55$ N

Aufgabe 3.2.1

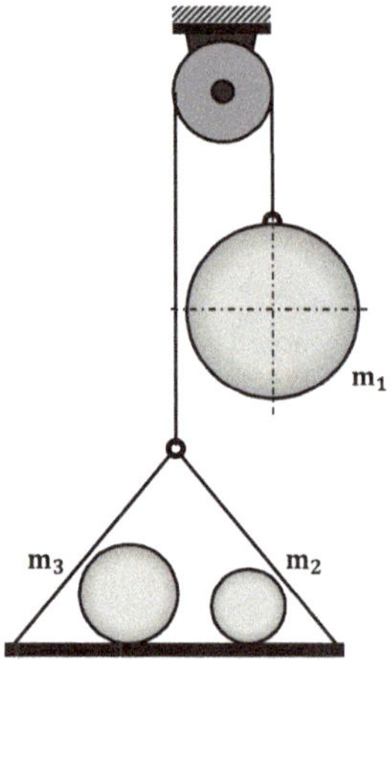

Ein Seil ist um eine feste Rolle gelegt.
Am linken Seilende hängt
die Masse $m_1 = 7$ kg.
Am rechten Seilende ist eine
Waagschale befestigt, auf der
die Massen $m_2 = 3$ kg und m_3 liegen.
Wie groß ist die Masse m_3,
wenn sich das System
im statischen Gleichgewicht befindet?
Die Reibung und das Gewicht
der Rollen sind zu vernachlässigen.

Aufgabe 3.2.2

Wie im Bild dargestellt ist am rechten Ende des über eine feste und eine lose Rolle laufenden Seils die Masse m_1 =7 kg befestigt.
Unter der losen Rolle hängt eine Schale mit den Massen m_2 = 3 kg und m_3.
Wie groß ist die Masse m_3, wenn sich das System im statischen Gleichgewicht befindet?
Die Reibung und das Gewicht der Rollen sind zu vernachlässigen

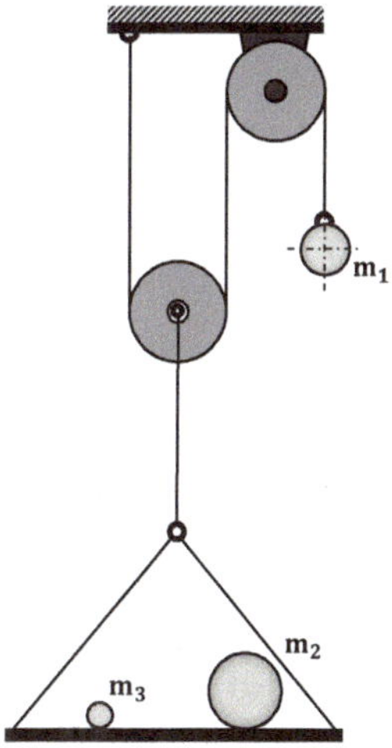

Aufgabe 3.2.3

Wie im Bild dargestellt ist eine Masse mit der Gewichtskraft F_G = 8 N an einer losen Rolle aufgehängt.
Das um diese Rolle laufende Seil ist rechts oben an der Decke befestigt und läuft links über eine zweite lose Rolle nach unten, wo an seinem freien Ende die Zugkraft F_{Zug} wirkt.
Zudem ist die Lagerung der rechten losen Rolle an einem zweiten Seil befestigt, welches oben über eine feste Rolle läuft und an dessen anderem Ende die Lagerung der linken losen Rolle befestigt ist.
Wie groß ist die Zugkraft F_{Zug}?
Die Reibung und das Gewicht der Rollen sind zu vernachlässigen.

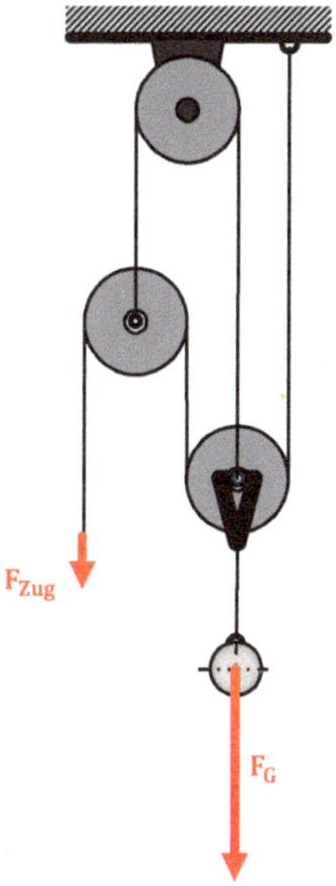

Aufgabe 3.2.4

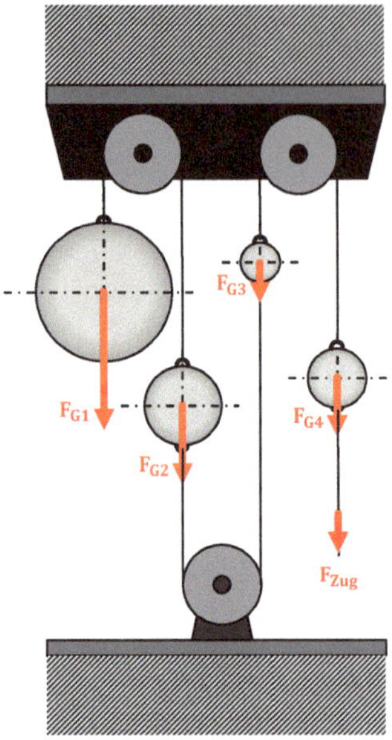

Es sind vier Massen mit den Gewichtskräften $F_{G1} = 7$ kN, $F_{G2} = 4$ kN, $F_{G3} = 2$ kN und $F_{G4} = 3$ kN wie in der Skizze dargestellt an drei Seilstücken befestigt, welche jeweils an einer festen Rolle umlaufen. Wie groß ist die direkt auf die Masse mit der Gewichtskraft F_{G4} einwirkenden Zugkraft F_{Zug}, wenn sich das System im statischen Gleichgewicht befindet? Die Reibung und das Gewicht der Rollen sind zu vernachlässigen.

3.3 Flaschenzug

Ein Flaschenzug besteht aus festen und losen Rollen sowie einem umlaufenden Seil. Wie bereits im vorstehenden Kapitel behandelt, halbiert sich an einer losen Rolle die zum Heben einer Last am losen Seilende aufzubringende Zugkraft. Dies kann zum Heben von schweren Lasten genutzt werden.

Handwerkssprachlich bedeutete das Wort Flasche im Mittelhochdeutschen Rolle oder Seilrolle. Heute bezeichnet man als Flaschenzug eine Vorrichtung aus mindestens einer festen und einer losen Rolle, die nebeneinander oder untereinander angeordnet sein können, **Abbildung 3-10**.

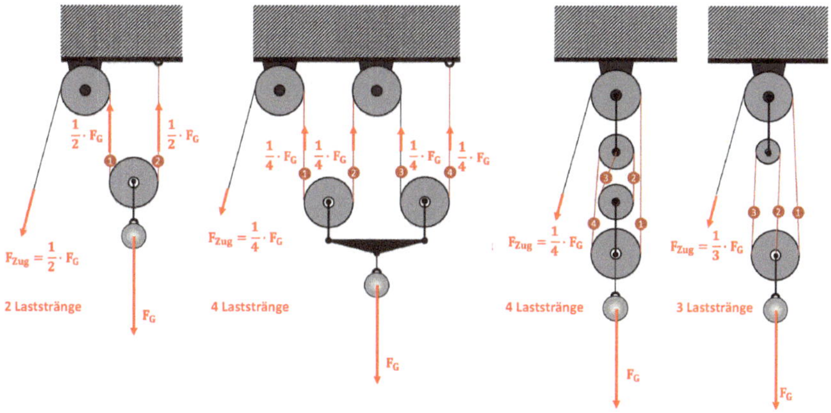

Abbildung 3-10: Anordnungen von losen und festen Rollen als Flaschenzüge

Da sich die Zugkraft im umlaufenden Seil an jeder losen Rolle halbiert, ändert sich die Zugkraft am freien Seilende entsprechend. Die einzelnen Abschnitte des umlaufenden Seils bezeichnet man als Stränge, wobei das äußere Ende der Zugstrang ist und die übrigen Stränge Laststränge sind. Bezogen auf die Gewichtskraft F_G verringert sich die Zugkraft F_{Zug} mit der Anzahl n der Laststränge nach der Formel:

$$\mathbf{F_{Zug} = F_G / n}$$

Infolge von Bewegungen der losen Rollen verlängert sich der Weg s_{Zug} am Zugseilende bezogen auf den Weg s_G der Last proportional zur Anzahl n der Laststränge, **Abbildung 3-11** und **Abbildung 3-12**. Hierbei gilt:

$$\mathbf{s_{Zug} = n \cdot s_G}$$

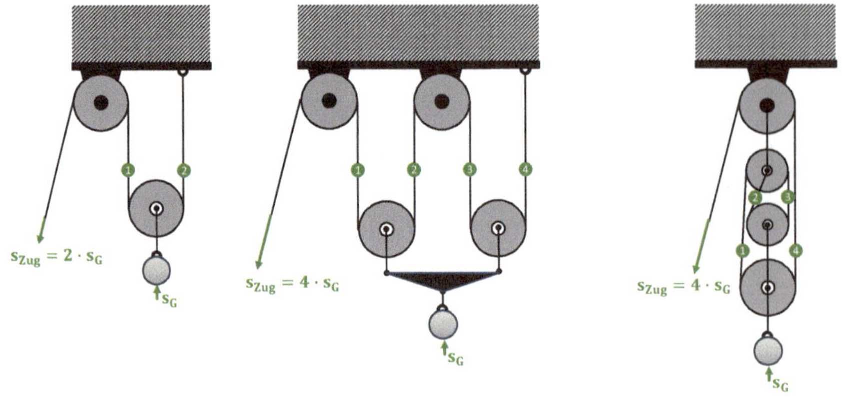

Abbildung 3-11: Verlängerung der Zugseilwege in Flaschenzügen

Der italienische Universalgelehrte Galileo Galilei (1564 bis 1642) formulierte die zugehörige Gesetzmäßigkeit wie folgt: „Was man als Kraft spart muss man als Weg zusetzen". Dies bedeutet, dass das Produkt aus Kraft F und Weg s und somit die aufzubringende Energie bzw. zu leistende Arbeit (siehe Kapitel 5.1) konstant ist.

$F \cdot s = \text{const.}$

$F_{Zug} \cdot s_{Zug} = F_G \cdot s_G$

$\frac{1}{2} \cdot F_G \cdot 2 \cdot s_G = F_G \cdot s_G$

Allgemein:

$\frac{1}{n} \cdot F_G \cdot n \cdot s_G = F_G \cdot s_G$

F_{Zug}:	**Zugkraft**
F_G:	**Gewichtskraft der Last**
s_{Zug}:	**Weg des Zugseils**
s_G:	**Weg der Last**
n:	**Zahl der Laststränge, im dargestellten Beispiel ist n = 2**

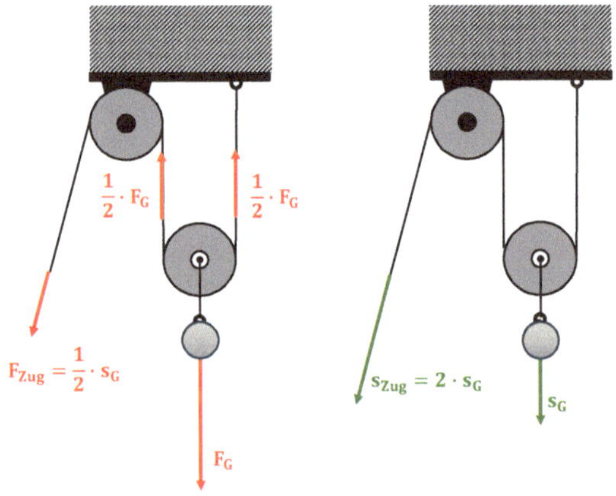

Abbildung 3-12: Verringerung der Zugkraft und Verlängerung des Lastwegs im Flaschenzug

Aufgabe 3.3.1

An dem im Bild dargestellten Flaschenzug hängt die Masse m = 100 kg.
Wie groß ist der Betrag der Zugkraft F_{Zug}, welche erforderlich ist, um die Masse m im statischen Gleichgewicht zu halten?
Die Reibung und das Gewicht der Rollen sind zu vernachlässigen.

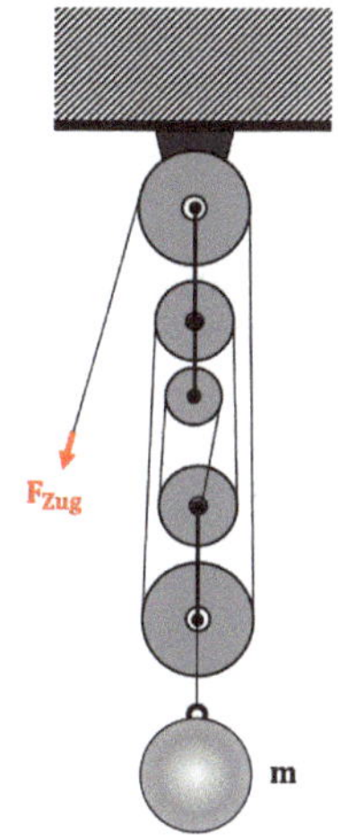

Aufgabe 3.3.2

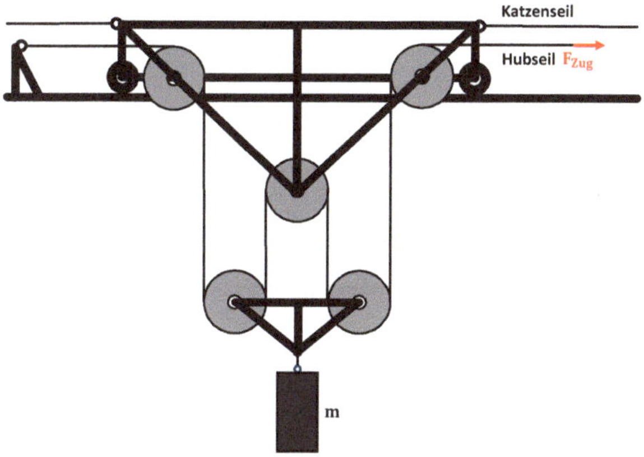

An dem im Bild dargestellten Kranausleger hängt die Masse m = 200 kg.

a) Wie groß ist die Zugkraft F_{Zug}, welche im Hubseil erforderlich ist, um die Masse m im statischen Gleichgewicht zu halten?
Die Reibung und das Gewicht der Rollen sind zu vernachlässigen.

b) Wie groß ist der Weg $s_{Hubseil}$, um den das freie Ende des Hubseils nach rechts gezogen werden muss, um die Last um den Weg $s_{Hub,Last} = 10$ m nach oben zu ziehen?

3.4 Drehmoment

Ein ruhender Körper wird in Drehung versetzt, wenn eine auf ihn wirkende Kraft F mit einem bestimmten Abstand r zur Drehachse angreift. Maßgebend für den Hebelarm r ist der kürzeste Abstand zwischen Wirklinie und der Drehachse der Kraft.

Das Drehmoment hat die Einheit Nm (Newtonmeter) und ist ein Vektor mit Betrag und Richtung. Es wird durch das Kreuzprodukt des Ortsvektors (Hebelarm von der Drehachse zum Angriffspunkt der Kraft) und des Kraftvektors gebildet:

$$\vec{\mathbf{M}} = \vec{\mathbf{r}} \times \vec{\mathbf{F}}.$$

Kraft $\vec{F}$ und Hebelarm $\vec{r}$ liegen in der gleichen Ebene. Der positive Drehsinn des Drehmoments $\vec{M}$ ergibt sich aus der Wirkrichtung der Kraft. Dreht die Kraft $\vec{F}$ im Gegenuhrzeigersinn, zeigt der positive Drehmomentvektor $\vec{M}$ entgegen der Blickrichtung des Betrachters (entgegen der z-Achse) aus der x-y-Ebene heraus. Bei Drehung der Kraft $-\vec{F}$ im Uhrzeigersinn zeigt der Drehmomentvektor $-\vec{M}$ in Betrachterblickrichtung in die x-y-Ebene hinein, **Abbildung 3-13**.

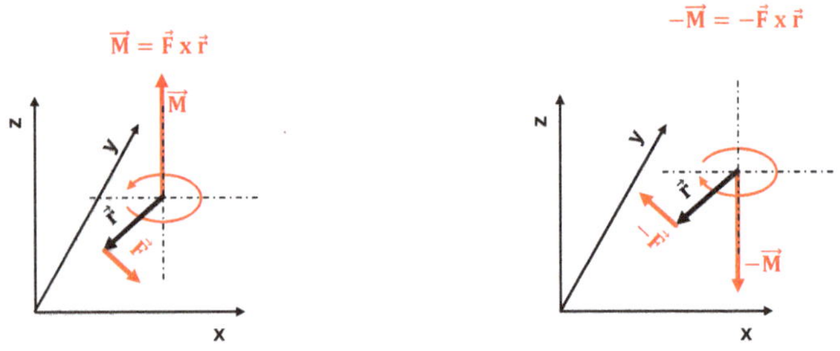

Drehmoment dreht im Gegenuhrzeigersinn: Drehmomentvektor zeigt aus x-y-Ebene heraus

Drehmoment dreht im Uhrzeigersinn: Drehmomentvektor zeigt in x-y-Ebene hinein

Abbildung 3-13: Veranschaulichungen zur Definition des Drehmoments mit Wirkrichtung

Das entspricht der sogenannten „Rechte-Hand-Regel“: Dabei werden Daumen, Zeigefinger und Mittelfinger entsprechend einem kartesischen Koordinatensystem ausgerichtet. So zeigt der Daumen in Richtung des Hebelarmes, der Zeigefinger in Richtung der Kraft und der Mittelfinger in Richtung des Drehmoments. Entsprechend verläuft der Drehmomentvektor in Richtung des Daumens, wenn die Finger einer Hand in Richtung der Drehbewegung gekrümmt sind, **Abbildung 3-14**. Dies ist auch die lineare Bewegung einer Schraube mit Rechtsgewinde hinein in die zugehörige Mutter bzw. eines Korkenzieher in den Korken.

Greift ein Drehmoment an einem Körper wie z. B. einem Hebel an, ist seine Ursache immer ein Kräftepaar, **Abbildung 3-15**. Ein Kräftepaar sind zwei gleich große, entgegengesetzt gerichtete und parallel verlaufende Kräfte. Der Abstand beider

Wirklinien ist gleich dem Hebelarm r. Das Kräftepaar erzeugt eine reine Drehung (Rotation) des Körpers und keine Verschiebung (Translation). Kräftepaare können in derselben Ebene mit gleichbleibendem Abstand um beliebige Winkel gedreht werden, ohne dass sich ihre Wirkung ändert.

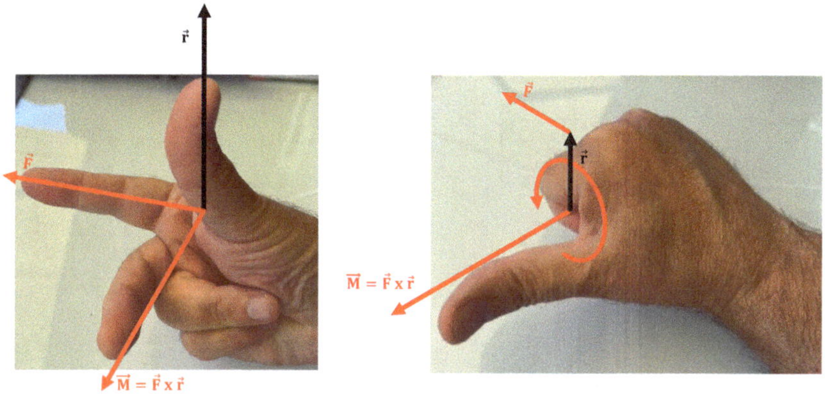

Abbildung 3-14: Rechte-Hand-Regel
zur Bestimmung der Richtung eines Drehmomentvektors

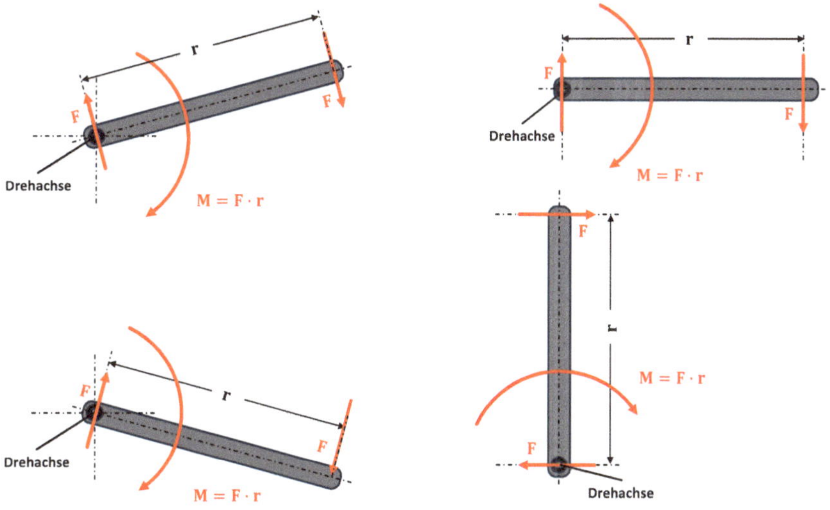

Abbildung 3-15: Drehmomente und zugehörige Kräftepaare

Die Gleichgewichtsbedingungen für Kräfte können auf Drehmomente übertragen werden. Praktische Anwendungen sind Waagen und Hebel, **Abbildung 3-16**. Aus der Gleichgewichtsbedingung um den Auflager-Drehpunkt des Balkens ergibt sich, dass das im Gegenuhrzeigersinn drehende Moment $F_{G1} \cdot r_1$ gleich groß sein muss wie das im Uhrzeigersinn drehende Moment $F_{G2} \cdot r_2$. So können zwei gleichgroße Massen mit gleichlangen Hebelarmen bzw. eine kleine Masse mit großem Hebelarm und eine große Masse mit kleinem Hebelarm im statischen Gleichgewicht sein.

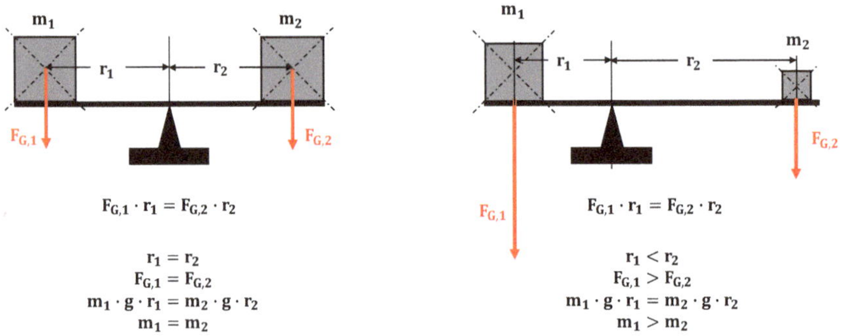

Abbildung 3-16: Beispiele zur Anwendung der Gleichgewichtsbedingung bei Balkenwaagen

Beispiel 3.4.1

Die abgebildete Waage befindet sich im statischen Gleichgewicht. Dabei beträgt die Masse $m_2 = 5$ kg. Die Länge der Hebelarme ist $r_1 = 1$ m und $r_2 = 2$ m. Wie groß sind die Masse m_1 und die Aufhängekraft F?

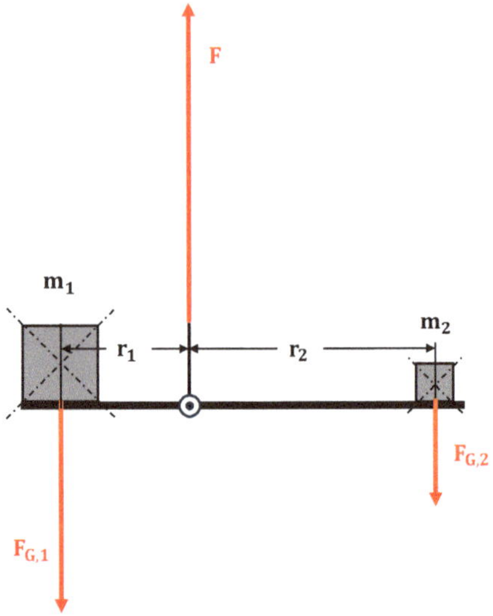

Momentengleichgewicht:

$F_{G,1} \cdot r_1 = F_{G,2} \cdot r_2$

$m_1 \cdot g \cdot r_1 = m_2 \cdot g \cdot r_2$

$m_1 = m_2 \cdot \frac{r_2}{r_1} = 5\ \text{kg} \cdot \frac{2\ \text{m}}{1\ \text{m}} = 10\ \text{kg}$

Senkrechtes Kräftegleichgewicht:

$F = F_1 + F_2 = (m_1 + m_2) \cdot g$

$F = (5 + 10)\ \text{kg} \cdot 9{,}81\ \text{m/s}^2$

$F = 147{,}15\ \text{N}$

Aufgabe 3.4.1

Eine Karre ist mit der Masse
m = 85 kg beladen
und befindet sich
in der dargestellten Position
mit dem Winkel $\alpha = 10°$
im statischen Gleichgewicht.
Die Masse hat einen
quadratischen Querschnitt
mit h = 0,4 m Kantenlänge.
Die Abstände betragen
a = 0,45 m und b = 1,25 m.
Wie groß ist die senkrecht
nach oben wirkende
Haltekraft F?

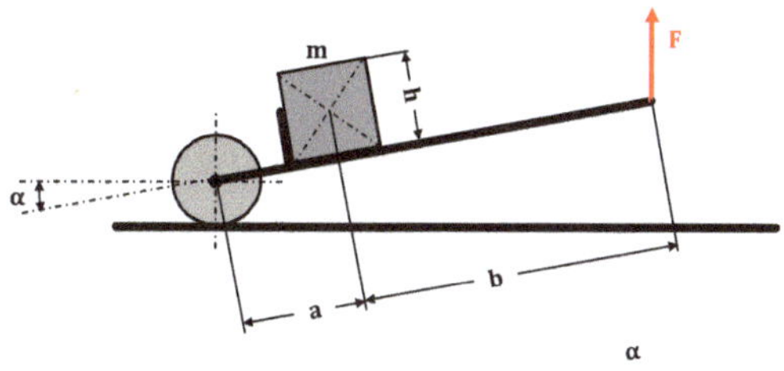

Aufgabe 3.4.2

Wie groß ist jeweils
der Betrag der Kräfte F_2
mit welchen die Backen
der dargestellten
Transportzange
zusammengedrückt werden,
wenn die Masse m = 120 kg
auf konstanter Höhe
gehalten wird?
Die relevanten Abmessungen
der Zange betragen
a = 15 cm, b = 80 cm.
Verlangt ist die Angabe
der Kraft in kN.

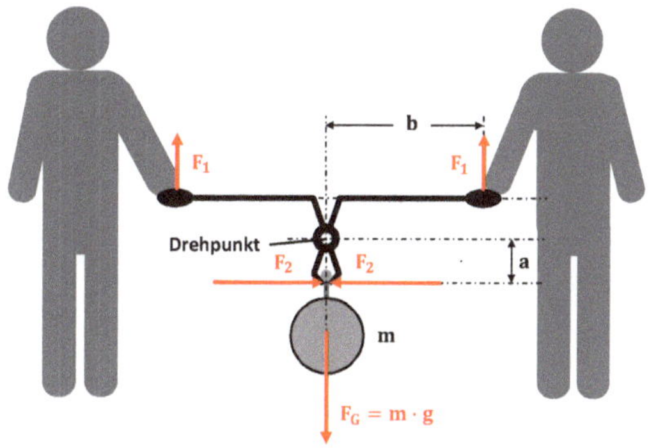

Aufgabe 3.4.3

Ein zylinderförmiges Stahlfass mit der
Gewichtskraft F_G = 30 kN und einem
Durchmesser d = 120 cm wird auf einer
waagerechten Ebene gerollt.
Dabei stößt es an eine h = 5 cm hohe Stufe.
Wie groß ist der Betrag der Zugkraft F_{Zug},
welche erforderlich ist, um das Fass langsam
(quasistatisch) über die Stufe zu rollen?

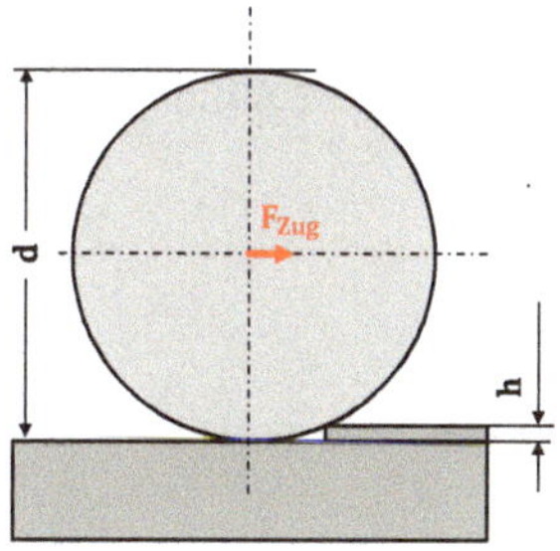

3.5 Lösungen zu Kapitel 3

Aufgabe 3.1.1

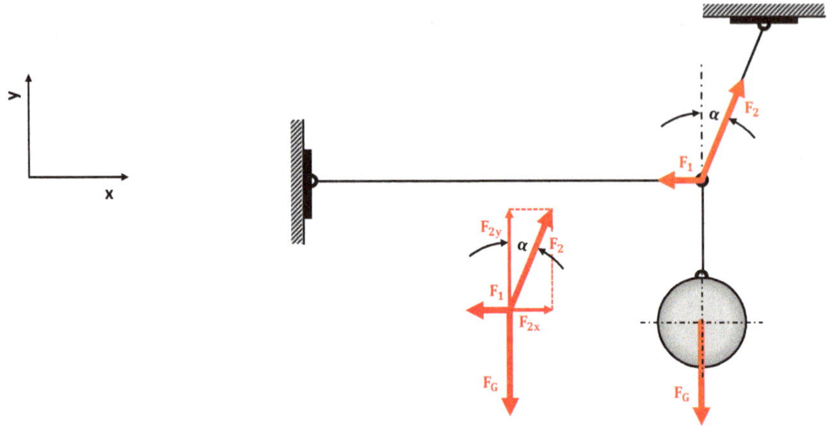

Im Schnittpunkt der drei Seile herrscht Kräftegleichgewicht in x- und y-Richtung:

$F_G = F_{2,y} = F_2 \cdot \cos\alpha$

$F_1 = F_{2,x} = F_2 \cdot \sin\alpha$

$$\cos\alpha = \frac{F_2}{F_G}$$

$$\sin\alpha = \frac{F_1}{F_2}$$

$$\frac{\sin\alpha}{\cos\alpha} = \tan\alpha = \frac{F_1}{F_G} = \frac{1{,}3\ \text{N}}{3\ \text{N}} = 0{,}4333 \qquad \rightarrow \qquad \alpha = 23{,}4728°$$

$$F_2 = \frac{F_G}{\cos\alpha} = \frac{3\ \text{N}}{\cos 23{,}4728°} = 3{,}2696\ \text{N}$$

Bestätigung des Ergebnisses mit dem Satz von Pythagoras:

$F_2^2 = F_{2x}^2 + F_{2y}^2 = F_1^2 + F_G^2$

$3{,}2696^2\ \text{N}^2 = 1{,}3^2\ \text{N}^2 + 3^2\ \text{N}^2$

$10{,}6903 = 1{,}6900 + 9 = 10{,}6900$ (Abweichung durch Rundungsfehler)

Aufgabe 3.1.2

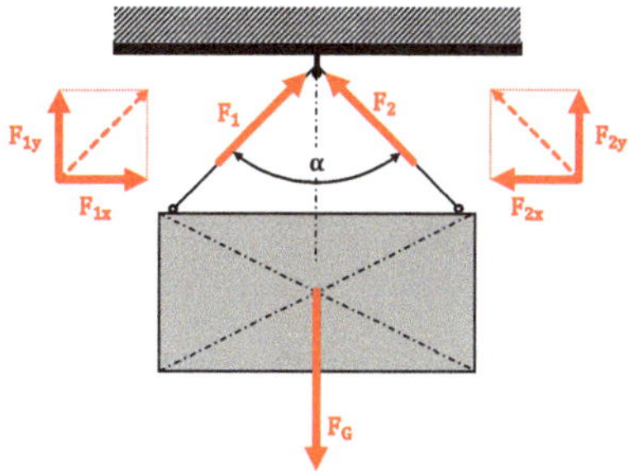

Horizontales Kräftegleichgewicht:

$$F_{1y} - F_{2y} = 0$$

$$F_{1y} = F_{2y}$$

Vertikales Kräftegleichgewicht:

$$F_{1y} + F_{2y} - F_G = 0$$

$$F_{1y} = F_1 \cdot \cos\frac{\alpha}{2}$$

$$F_{2y} = F_2 \cdot \cos\frac{\alpha}{2}$$

Symmetrie:

$$F_1 = F_2$$

$$F_1 \cdot \cos\frac{\alpha}{2} + F_1 \cdot \cos\frac{\alpha}{2} - F_G = 0$$

$$F_G = 2 \cdot F_1 \cdot \cos\frac{\alpha}{2}$$

$$F_1 = \frac{F_G}{\cos\frac{\alpha}{2}} = \frac{600\ \text{N}}{\cos 45°} = 848{,}53\ \text{N}$$

$$F_2 = F_1 = 848{,}53\ \text{N}$$

Aufgabe 3.1.3

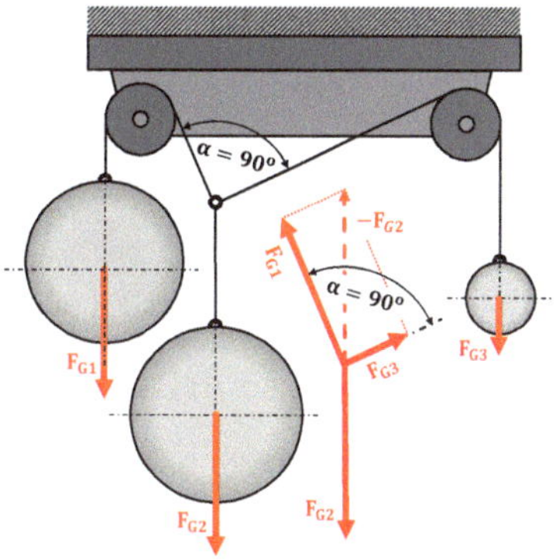

Im Schnittpunkt der frei Seile gilt nach dem Satz von Pythagoras:

$$F_{G2}^2 = F_{G1}^2 + F_{G3}^2$$

$$F_{G2} = \sqrt{F_{G1}^2 + F_{G3}^2}$$

$$F_{G2} = \sqrt{(m_1 \cdot g)^2 + (m_3 \cdot g)^2}$$

$$F_{G2} = m_2 \cdot g$$

$$m_2 = \frac{F_{G2}}{g} = \frac{\sqrt{(m_1 \cdot g)^2 + (m_3 \cdot g)^2}}{g}$$

$$m_2 = \frac{\sqrt{[(9 \cdot 9{,}81)^2 + (4 \cdot 9{,}81)^2]\ \frac{\text{kg}^2\text{m}^2}{\text{s}^4}}}{9{,}81\ \frac{\text{m}}{\text{s}^2}}$$

$$m_2 = 9{,}85\ \text{kg}$$

Zu Aufgabe 3.1.3

Überprüfung des Kräftegleichgewichts in horizontaler Richtung:

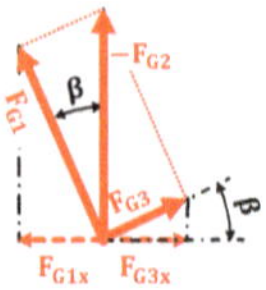

$$\tan\beta = \frac{F_{G3}}{F_{G1}} = \frac{m_3 \cdot g}{m_1 \cdot g} = \frac{m_3}{m_1} = \frac{4\,kg}{9\,kg} = 0{,}4444$$

$$\beta = 23{,}965°$$

$$F_{G1x} - F_{G3x} = 0$$
$$F_{G1} \cdot \sin\beta - F_{G3} \cdot \cos\beta = 0$$
$$m_1 \cdot g \cdot \sin\beta - m_3 \cdot g \cdot \cos\beta = g \cdot (m_1 \cdot \sin\beta - m_3 \cdot \cos\beta) = 0$$
$$9{,}81\frac{m}{s^2} \cdot (9\,kg \cdot \sin 23{,}965° - 4\,kg \cdot \cos 23{,}965°) = 0$$

Aufgabe 3.1.4

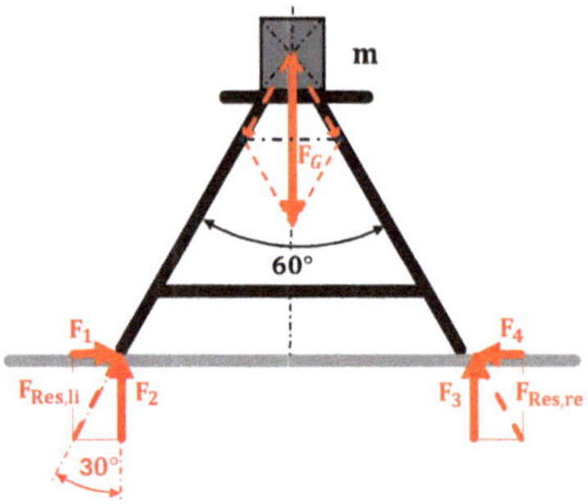

Vertikales Kräftegleichgewicht:
$$F_2 + F_3 - F_G = 0$$

Symmetrie:
$$F_2 = F_3$$
$$F_2 = \frac{F_G}{2}$$

Die Stäbe übertragen jeweils in Stabrichtung die Kräfte $F_{Res,li}$ und $F_{Res,re}$ auf den Boden:

$$F_{Res,li} = \frac{\frac{F_G}{2}}{\cos\frac{60°}{2}} \cdot = \frac{m \cdot g}{2 \cdot \cos 30°}$$

$$F_{Res,li} = \frac{10\,kg \cdot 9{,}81\ m/s^2}{2 \cdot \cos 30°} = 56{,}64\,N$$

$$F_1 = F_{Res,li} \cdot \sin 30° = 56{,}64\,N \cdot \sin 30° = 28{,}32\,N$$

$$F_2 = F_{Res,li} \cdot \cos 30° = 56{,}64\,N \cdot \cos 30° = 49{,}05\,N$$

Aus dem horizontalen Kräftegleichgewicht folgt:
$$F_4 = F_1 = 28{,}32\,N$$

Aus dem vertikalen Kräftegleichgewicht folgt:
$$F_3 = F_G - F_2$$
$$F_3 = m \cdot g - 49{,}05\,N = 10\,kg \cdot 9{,}81\frac{m}{s^2} - 49{,}05\,N = 49{,}05\,N$$

Aufgabe 3.2.1

Kräfte im umlaufenden Seil:

$F_{li} = F_{re}$

Senkrechtes Kräftegleichgewicht an der rechten Kugel:

$F_{re} = F_{G1} = m_1 \cdot g$

Senkrechtes Kräftegleichgewicht an der Waagschale:

$F_{li} = F_{G2} + F_{G3} = (m_2 + m_3) \cdot g$

$$\frac{F_{li}}{g} - m_2 = m_3$$

$$m_3 = \frac{m_1 \cdot g}{g} - m_2 = m_1 - m_2$$

$m_3 = (7 - 3)\ \text{kg} = 4\ \text{kg}$

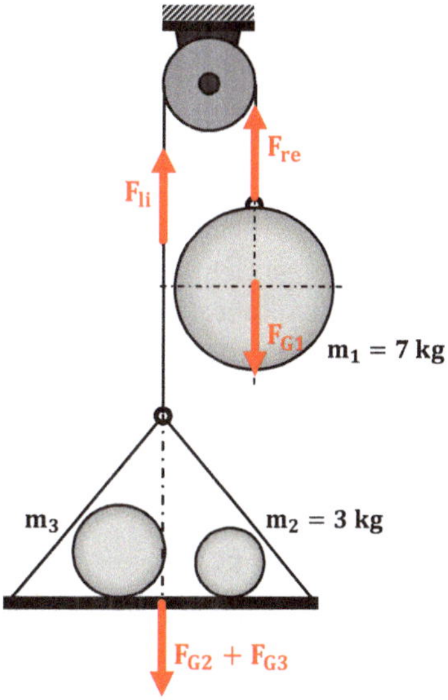

Aufgabe 3.2.2

Kräfte im umlaufenden Seil:
$F_{S1} = F_{S2} = F_{S3}$

Vertikales Kräftegleichgewicht an der festen Rolle:
$F_{S3} = F_{G1} = m_1 \cdot g$

Vertikalen Kräftegleichgewicht an der losen Rolle:
$F_{S1} + F_{S2} = F_{G2} + F_{G3}$
$2 \cdot m_1 \cdot g = (m_2 + m_3) \cdot g$
$2 \cdot m_1 = m_2 + m_3$
$m_3 = 2 \cdot m_1 - m_2 = (2 \cdot 2 - 3)\ \text{kg}$
$m_3 = 1\ \text{kg}$

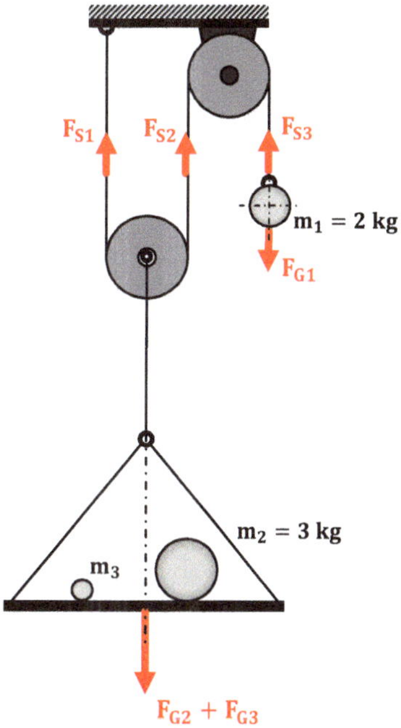

Aufgabe 3.2.3

Weil sich die Kräfte in den einzelnen Seilen nicht ändern gilt:

$F_1 = F_2$

$F_{Zug} = F_3 = F_4$

Senkrechtes Kräftegleichgewicht an der linken Rolle:

$F_1 = F_{Zug} + F_3$

$F_1 = 2 \cdot F_{zug}$

Senkrechtes Kräftegleichgewicht an der rechten Rolle:

$F_2 + F_3 + F_4 = F_G$

$2 \cdot F_{Zug} + F_{Zug} + F_{Zug} = F_G$

$4 \cdot F_{Zug} = F_G$

$F_{Zug} = F_G/4 = 8\ \text{N}/4 = 2\ \text{N}$

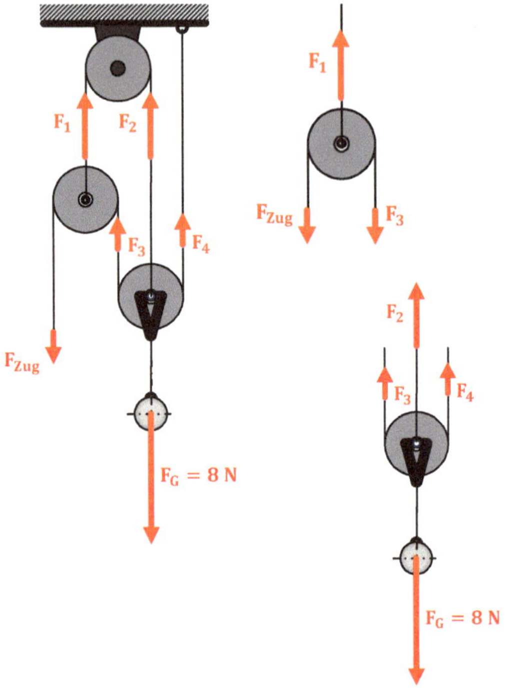

Aufgabe 3.2.4

Kräftegleichgewicht an der unteren festen Rolle:

$F_{li} = F_{re}$

Wie in der Skizze veranschaulicht gilt:

$F_{li} = F_{G1} - F_{G2}$

$F_{re} = F_{G4} + F_{Zug} - F_{G3}$

$F_{G1} - F_{G2} = F_{G4} + F_{Zug} - F_{G3}$

Umgestellt und eingesetzt:

$F_{Zug} = F_{G1} - F_{G2} - F_{G4} + F_{G3}$

$F_{Zug} = (7 - 4 - 3 + 2)\ \text{kN} = 2\ \text{kN}$

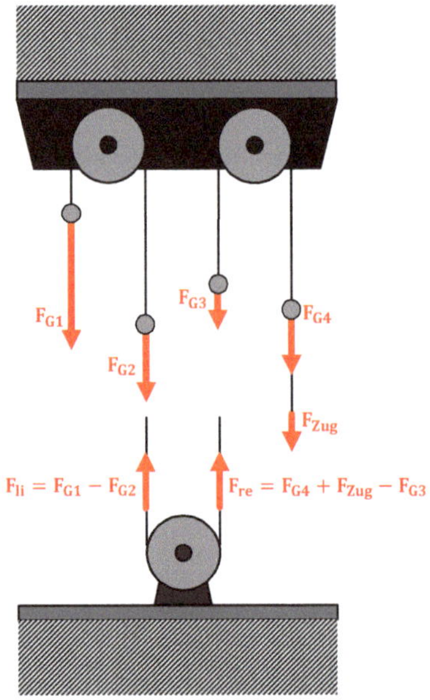

Zu Aufgabe 3.2.4

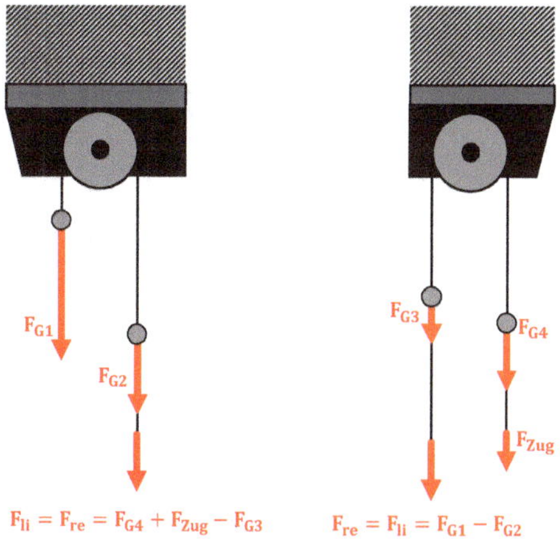

Überprüfung
des Kräftegleichgewichts
an der oberen linken Rolle:

$F_{G1} - F_{G2} - F_{li} = 0$

$F_{G1} - F_{G2} - F_{G4} - F_{Zug} + F_{G3} = 0$

$(7 - 4 - 3 - 2 + 2)\text{ kN} = 0\text{ kN}$

Überprüfung
des Kräftegleichgewichts
an der oberen rechten Rolle:

$F_{G3} + F_{G1} - F_{G2} - F_{G4} - F_{Zug} = 0$

$(2 + 7 - 4 - 3 - 2)\text{ kN} = 0\text{ kN}$

Aufgabe 3.3.1

Die Anordnung der Rollen
und die Seilführung
ergeben n = 5 Lastseile.

Daraus folgt

$$F_{Zug} = \frac{1}{5} \cdot F_G = \frac{1}{5} \cdot m \cdot g = \frac{100\text{ kg}}{5} \cdot 9{,}81\ \frac{\text{m}}{\text{s}^2}$$

$$F_{Zug} = 196{,}20\text{ N}$$

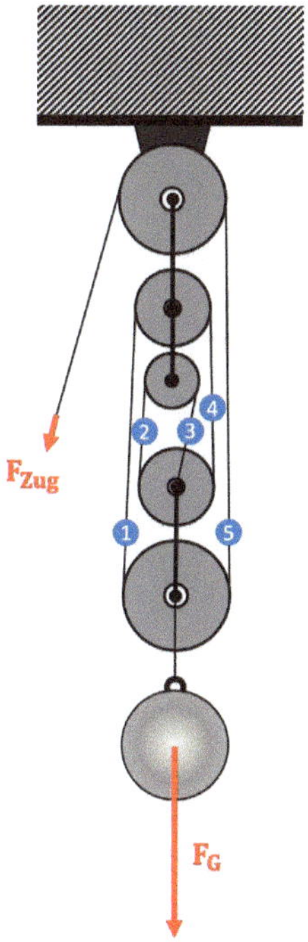

Aufgabe 3.3.2

a) Die Masse wird von vier Lastseilen getragen, somit gilt:

$$F_{Zug} = \frac{1}{4} F_G = \frac{m \cdot g}{4}$$

$$F_{Zug} = \frac{200\ \text{kg}}{4} \cdot 9{,}81\ \frac{\text{m}}{\text{s}^2}$$

$$F_{Zug} = 490{,}5\ \text{N}$$

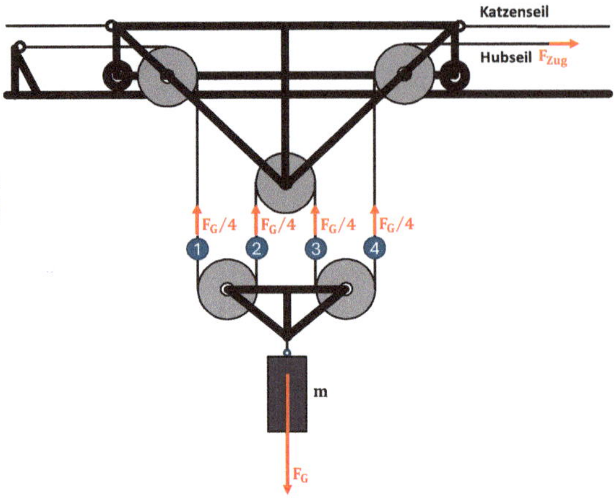

b) Weg des Hubseils:

$$s_{Hubseil} = n \cdot s_{Hub,Last}$$

$$s_{Hubseil} = 4 \cdot 10\ \text{m}$$

$$s_{Hubseil} = 40\ \text{m}$$

Aufgabe 3.4.1

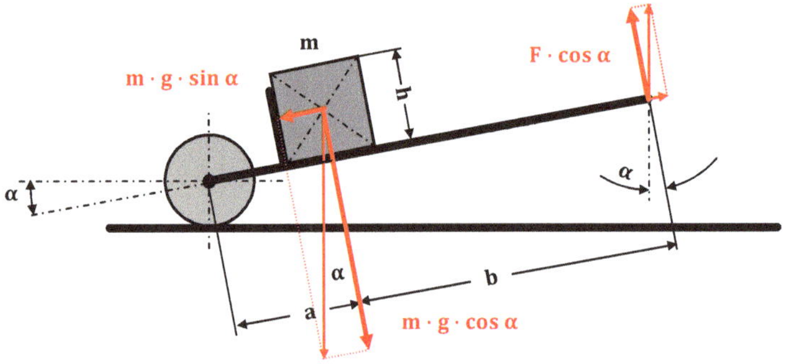

Momentengleichgewicht um den Drehpunkt:

$$m \cdot g \cdot \cos\alpha \cdot a - m \cdot g \cdot \sin\alpha \cdot \frac{h}{2} - F \cdot \cos\alpha \cdot (a + b) = 0$$

$$F = \frac{m \cdot g \cdot \left(\cos\alpha \cdot a - \sin\alpha \cdot \frac{h}{2}\right)}{\cos\alpha \cdot (a + b)}$$

$$F = \frac{85\ \text{kg} \cdot 9{,}81\ \frac{\text{m}}{\text{s}^2} \cdot (\cos 10° \cdot 0{,}45\ \text{m} - \sin 10° \cdot 0{,}2\ \text{m})}{\cos 10° \cdot (1{,}25 + 0{,}45)\ \text{m}} = 203{,}43\ \text{N}$$

Aufgabe 3.4.2

Aus dem vertikalen Kräftegleichgewicht folgt:

$$F_1 + F_1 = F_G$$

$$F_1 = F_G/2 = m \cdot g/2$$

Aus dem Momentengleichgewicht um das Drehgelenk der Zange folgt:

$$F_2 \cdot a = F_1 \cdot b$$

$$F_2 = F_1 \cdot \frac{b}{a} = m \cdot \frac{g \cdot b}{2 \cdot a}$$

$$F_2 = 120\ \text{kg} \cdot \frac{9{,}81\ \frac{\text{m}}{\text{s}^2} \cdot 0{,}8\ \text{m}}{2 \cdot 0{,}15\ \text{m}}$$

$$F_2 = 3.139{,}2\ \text{N} = 3{,}14\ \text{kN}$$

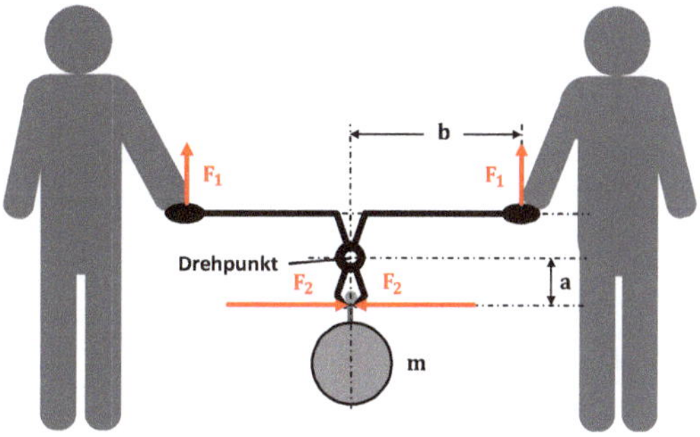

Aufgabe 3.4.3

Im betrachteten Moment wirkt im Berührpunkt B keine Kraft und im Kipppunkt K die Resultierende F_{Res} aus der Gewichtskraft F_G und der Zugkraft F_{Zug} in Richtung Mittelpunkt der Zylinderstirnfläche.

Aus dem Momentengleichgewicht um den Kipppunkt K folgt:

$$F_G \cdot x = F_{Zug} \cdot \left(\frac{d}{2} - h\right)$$

$$F_{Zug} = F_G \cdot \frac{x}{\frac{d}{2} - h} = F_G \cdot \frac{\frac{d}{2} \cdot \sin\alpha}{\frac{d}{2} - h}$$

$$\cos\alpha = \frac{\frac{d}{2} - h}{\frac{d}{2}} = \frac{(0{,}6 - 0{,}05)\ \text{m}}{0{,}6\ \text{m}} = 0{,}9167$$

$$\alpha = 23{,}5565°$$

$$F_{Zug} = 30\ \text{kN} \cdot \frac{0{,}6\ \text{m} \cdot \sin 23{,}5565°}{(0{,}6 - 0{,}05)\ \text{m}} = 13{,}08\ \text{kN}$$

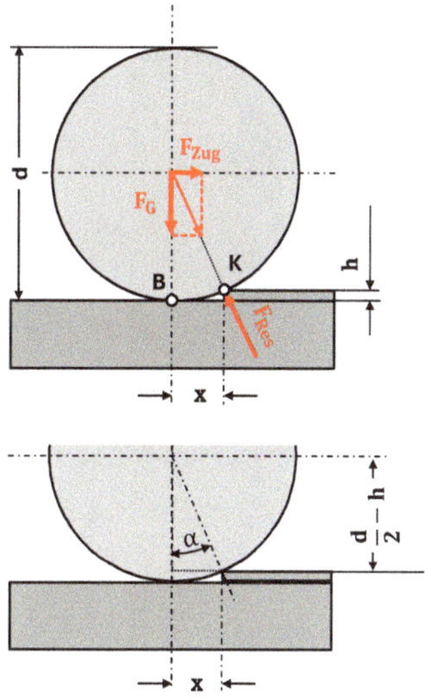

Zu Aufgabe 3.4.3

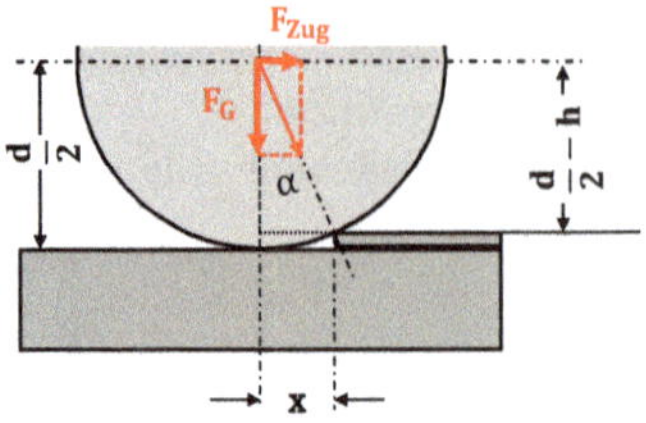

Alternative Lösung
ohne Drehmomentberechnung
und Winkelfunktionen
mit geometrischer Betrachtung
der ähnlichen Dreiecke:

$$\frac{F_{Zug}}{F_G} = \frac{x}{\frac{d}{2} - h}$$

$$F_{Zug} = F_G \cdot \frac{x}{\frac{d}{2} - h}$$

Nach dem Satz von Pythagoras gilt:

$$x^2 + \left(\frac{d}{2} - h\right)^2 = \left(\frac{d}{2}\right)^2$$

$$x = \sqrt{\left(\frac{d}{2}\right)^2 - \left(\frac{d}{2} - h\right)^2}$$

4 PRINZIP VON D´ALEMBERT

Nach dem dynamischen Grundgesetz (Isaac Newton, 1643 - 1727) wird eine Masse beschleunigt, wenn hierauf eine äußere Kraft einwirkt. Dabei erfolgt die Beschleunigung in Richtung der einwirkenden Kraft auf deren Wirklinie. Entsprechend führte der französische Gelehrte Jean-Baptiste le Rond d'Alembert (1717 - 1783) die Trägheitskraft $F_T = m \cdot a$ ein, **Abbildung 4-1**. Sie wirkt entgegen der beschleunigenden äußeren Kraft und liegt auf deren Wirklinie. Damit lassen sich die Gleichgewichtsbedingungen der Statik (Kapitel 3.1) auf einen beschleunigten Körper übertragen (dynamisches Gleichgewicht):

$$\sum_{i=1}^{n} \vec{F}_i - m \cdot \vec{a} = \sum_{i=1}^{n} m \cdot \vec{F}_t = 0$$

$$\vec{F}_T = m \cdot \vec{a}$$

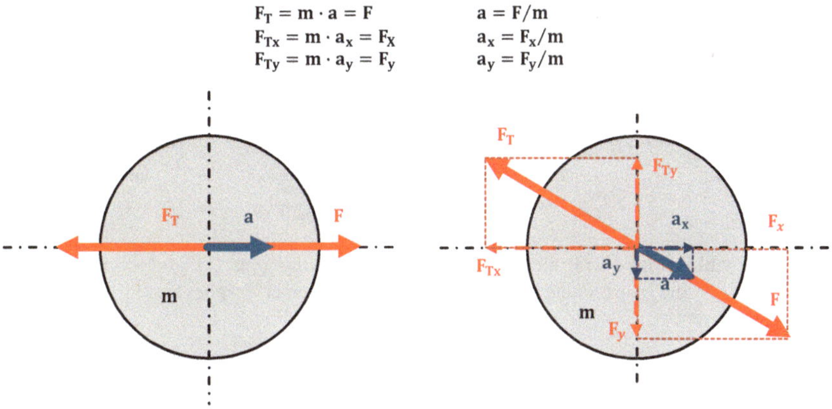

Abbildung 4-1: Veranschaulichung der Trägheitskraft F_T bei Beschleunigung einer Masse m durch Einwirkung der Kraft F

Die d`Alembertsche Trägheitskraft $F_T = m \cdot a$ ist nur an einer beschleunigten und nicht an einer ruhenden bzw. mit konstanter Geschwindigkeit bewegten Masse wirksam ($a = 0$). Sie ist eine Folge der Massenträgheit (Beschleunigungswiderstand), kann selbst keine Beschleunigung verursachen und wird deshalb auch als Scheinkraft bezeichnet. Zur Erläuterung zeigt **Abbildung 4-2** links eine ruhende Masse. Infolge der Gravitation mit der Erdbeschleunigung g wirkt zwar die Gewichtskraft $F_G = m \cdot g$ senkrecht nach unten. Bei entgegenwirkender betragsgleicher Kraft $F = F_G$ befindet sich die Masse in Ruhe (statisches Gleichgewicht) und es wirkt keine Trägheitskraft. Hat die der Gewichtskraft F_G entgegegengerichtete

A. Berg, *Tutorial zu ausgewählten Themen der Technischen Mechanik*,
https://doi.org/10.1007/978-3-658-52068-7_4

Kraft F einen größeren Betrag ($F > F_G$), wird die Masse m mit der Beschleunigung a nach oben bewegt und es wirkt dann eine Trägheitskraft $F_T = m \cdot a$ nach unten. Entsprechend dem dynamischen Kräftegleichgewicht gilt: $F - F_G - F_T = 0$. Die Beschleunigung a beträgt dann:

$$\mathbf{a = \frac{F - F_G}{m}}$$

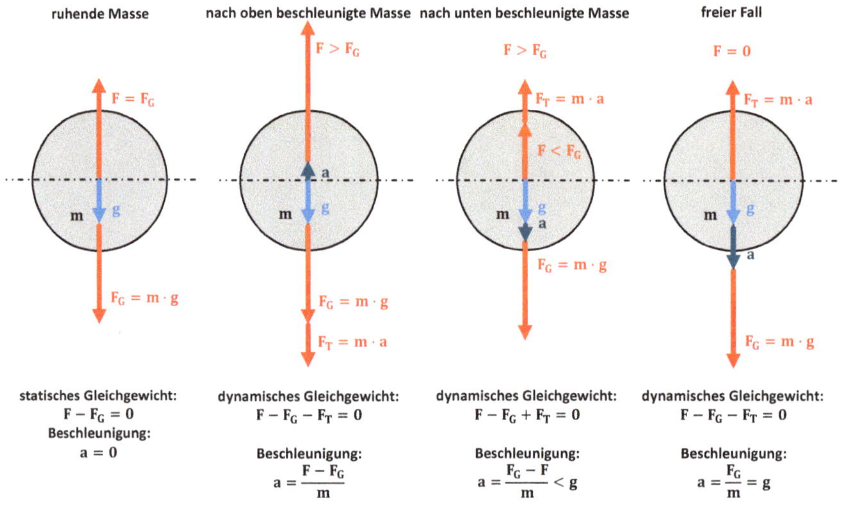

Abbildung 4-2: Ruhende Masse ohne Einwirkung einer Trägheitskraft und beschleunigte Masse mit Einwirkung einer Trägheitskraft

In gleicher Weise wird im Fall $F < F_G$ die Masse mit der Beschleunigung $a < g$ nach unten beschleunigt und die Trägheitskraft F_T wirkt nach oben. Im freien Fall ($a = g$) ist die nach oben wirkende Trägheitskraft F_T gleich groß wie die Gewichtskraft F_G. Dabei sind die Beschleunigung a und die Erdbeschleunigung g betragsgleich sowie beide nach unten gerichtet. Maßgebend für die Bewegung ist stets die von den einwirkenden konventionellen Kräften abhängende kinematische Beschleunigung a. Die Erdbeschleunigung g kann als Stärke des Gravitationsfelds aufgefasst werden. Am gleichen Ort auf der Erde ist sie stets konstant (Rechenwert: $g = 9{,}81\ m/s^2$). Allein im freien Fall bewegt sich die Masse mit der Erdbeschleunigung $a = g$ nach unten. Nach dem d´Alembertschen Prinzip werden zwar die auf eine beschleunigte Masse von außen einwirkenden konventionellen Kräfte und die innere Trägheitskraft addiert bzw. subtrahiert, nicht jedoch die kinematische Beschleunigung a und die Erdbeschleunigung g.

Bei der Messung von Beschleunigungen kommen häufig nach dem Feder-Masse-Prinzip aufgebaute Sensoren zum Einsatz. Hier wird eine möglichst reibungsfrei gelagerte seismischen Masse durch die Kraft einer Feder in Ausgangsstellung gehalten. Die Messrichtung des Sensors verläuft in Richtung der Trägheitsbewegung der Masse, **Abbildung 4-3**. Ist der Sensor waagerecht ausgerichtet, entspricht die Auslenkung der Masse der Beschleunigung a des Sensors. Ursache der Auslenkung ist die Trägheitskraft $F_T = m \cdot a$. Mit senkrecht ausgerichtetem Sensor wirkt in Ruhelage die Erdbeschleunigung g und die Auslenkung der Masse entspricht ihrer Gewichtskraft $F_G = m \cdot g$. In diesem Fall misst der Sensor die Erdbeschleunigung, befindet sich aber in Ruhe. Wird der senkrecht ausgerichtete Sensor nach oben oder unten beschleunigt, greift an der Masse zusätzlich zur Gewichtskraft $F_G = m \cdot g$ auf gleicher Wirklinie die Trägheitskraft $F_T = m \cdot a$ an. Fällt der so ausgerichtete Sensor frei nach unten, wirkt der Gewichtskraft F_G eine betragsgleiche Trägheitskraft F_T entgegen. Damit befindet sich die seismische Masse in Ruhelage. Obwohl der Sensor mit der Erdbeschleunigung g nach unten fällt, ist die gemessene Beschleunigung $a = 0$.

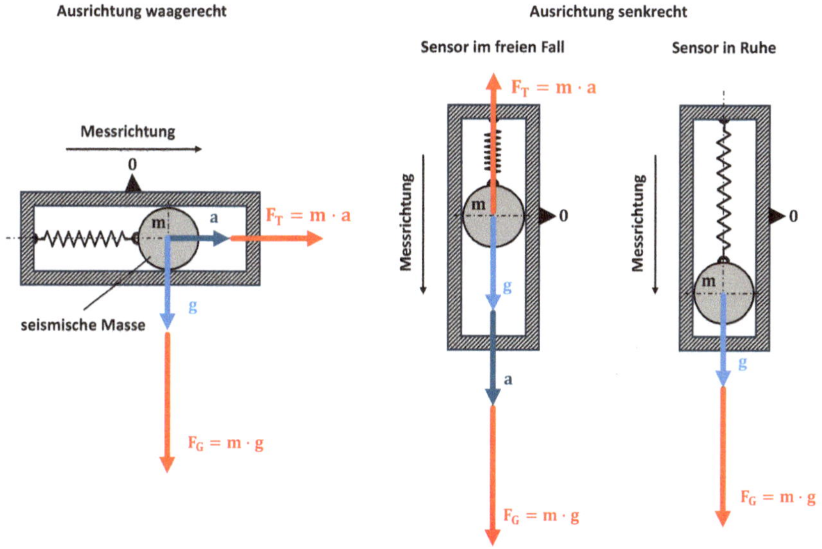

Abbildung 4-3: Beschleunigungsmessung mit einem Feder-Masse-Sensor bei waagerechter und senkrechter Ausrichtung

Anmerkung: *In der klassischen Mechanik ist die Masse m konstant, d. h. in einem bewegten System gleich groß wie in einem ruhenden System. Entsprechend der zuerst von Albert Einstein (1879 – 1955) formulierten Relativitätstheorie ändert sich dies bei sehr großen Geschwindigkeiten. Demnach ist die sogenannte relativistische (dynamische) Masse* m_{rel} *nicht mehr konstant, sondern nimmt ausgehend von der Ruhemasse* m_0 $(v = 0)$ *abhängig von der Geschwindigkeit* v *und der Lichtge-*

schwindigkeit c nach der Formel $m_{rel} = m_0/\sqrt{1 - v^2/c^2}$ *zu. Hierbei ist die Lichtgeschwindigkeit eine Naturkonstante* ($c = 299.792.458\ m/s$). *Demnach hätte ein sich mit Lichtgeschwindigkeit bewegender Körper* ($v = c$) *eine unendlich große Masse. In klassischen Fällen (Geltungsbereich der Newtonsche Mechanik und des Prinzips von d'Alembert) ist die Geschwindigkeit* v *aber sehr viel kleiner als die Lichtgeschwindigkeit* c. *Bewegt sich eine Masse beispielsweise mit der Schallgeschwindigkeit* $v_{Schall} \approx 343\ m/s$ *ergibt sich unter dem Bruchstrich vorstehender Formel der Wert* $\sqrt{1 - 343^2/299.792.458^2} \approx \sqrt{1-0} = 1$. *Damit ist der Unterschied zwischen Ruhemasse und relativistischer Masse vernachlässigbar klein.*

Beispiel 4.1

An einer Masse $m = 5$ kg wirkt senkrecht nach oben die Kraft $F = 70$ N. Wie groß ist der Betrag der Beschleunigung a, mit welcher die Masse nach oben bewegt wird?

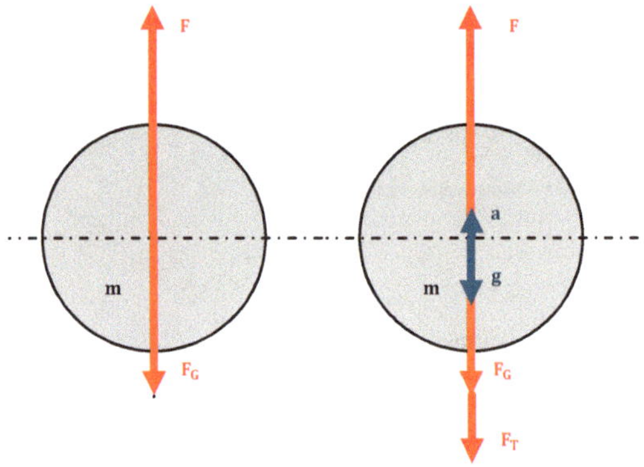

Dynamisches Kräftegleichgewicht:

$F - F_G - F_T = 0$

$F_T = F - F_G$

$m \cdot a = F - m \cdot g$

Daraus folgt die Beschleunigung:

$$a = \frac{F}{m} - g = \frac{70\ \text{kg m/s}^2}{5\ \text{kg}} - 9{,}81\ \text{m/s}^2 = 4{,}19\ \text{m/s}^2$$

Aufgabe 4.1

Zwei Kugeln sind wie dargestellt mit einem über zwei Rollen laufenden Seil verbunden. Ihre Massen betragen $m_1 = 3$ kg und $m_2 = 2$ kg. Wie groß ist der Betrag der Beschleunigung a, mit welcher die Masse m_2 nach oben bewegt wird?

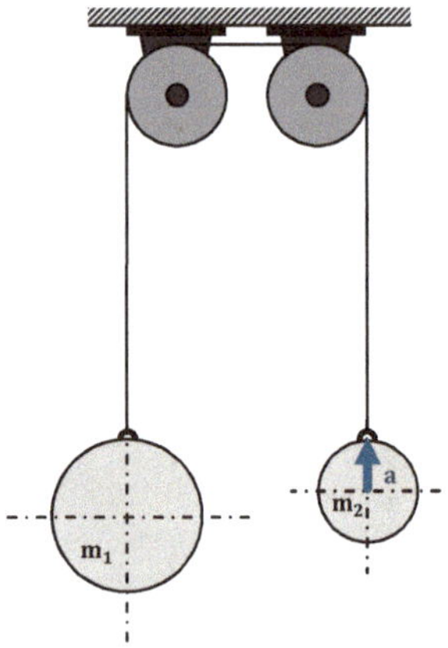

Aufgabe 4.2

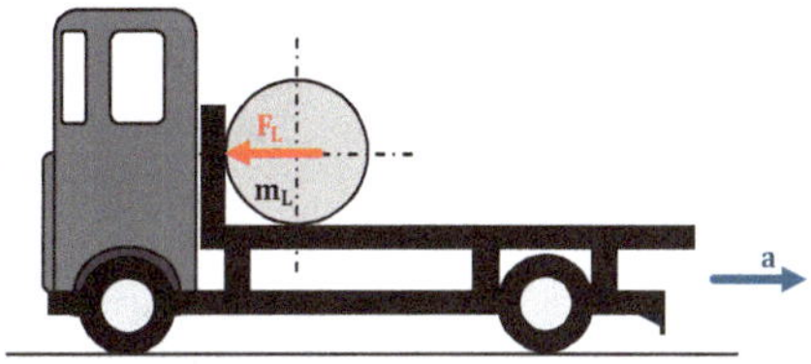

Ein Lkw wird
auf ebener Fahrbahn gebremst.
Die zugehörige
Verzögerung beträgt $a = 4\ \mathrm{m/s^2}$.
Mit welcher Kraft F_L drückt
dabei die Lademasse m_L=2.000 kg
gegen die Stirnwand des Aufbaus?

Aufgabe 4.3

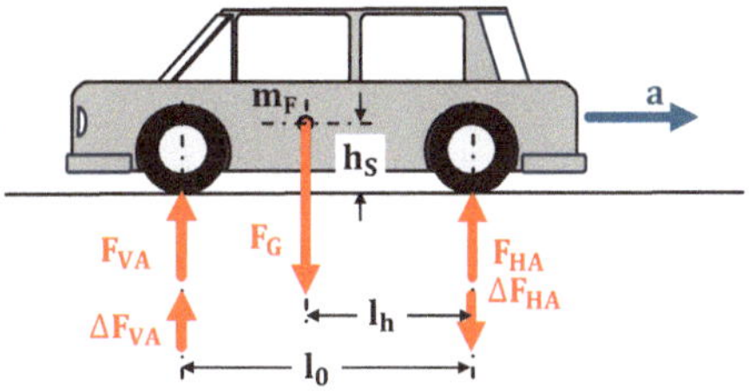

Ein Pkw mit der Masse $m_F = 1.000$ kg
wird auf ebener Straße gebremst.
Dabei beträgt die Verzögerung
$a = 5\ \mathrm{m/s^2}$.
Das Fahrzeug hat eine
Schwerpunkthöhe von $h_s = 0{,}4$ m.
Sein Radstand beträgt $l_0 = 1{,}8$ m
und der Abstand zwischen Hinterachse
und Schwerpunkt $l_h = 1{,}0$ m.

Wie groß sind die dynamischen Achslasten (Summen aus den statischen Achslasten F_{VA} an den Rädern der Vorderachse bzw. F_{HA} an den Rädern der Hinterachse und die zugehörigen dynamischen Achslastveränderungen ΔF_{VA} bzw. ΔF_{HA})?

Aufgabe 4.4

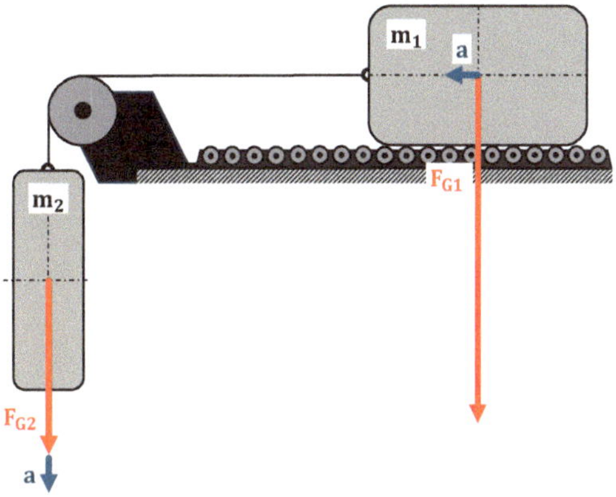

Eine Masse $m_1 = 4$ kg
bewegt sich wie dargestellt
reibungsfrei horizontal
nach links und ist über ein
an einer festen Rolle
umlaufendes Seil
mit der der senkrecht
nach unten ziehenden
Masse $m_2 = 2$ kg verbunden.
Wie groß ist der Betrag
der Beschleunigung a?

Aufgabe 4.5

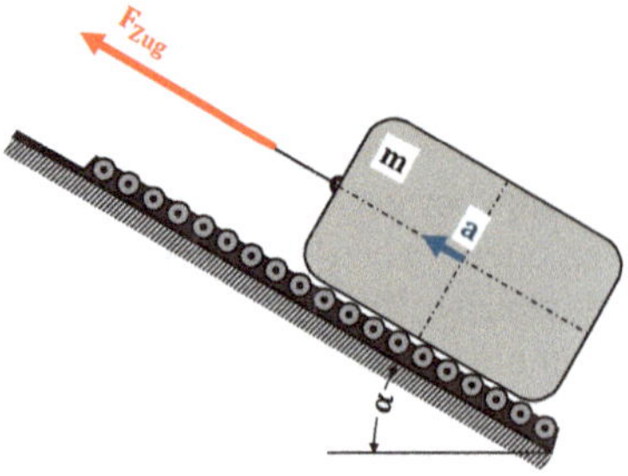

Eine Masse $m_1 = 4$ kg wird auf einer um den Winkel $\alpha = 30°$ geneigten schiefen Ebene reibungsfrei mit der Kraft $F = 50$ N nach oben gezogen. Welchen Betrag hat die Beschleunigung a?

4.1 Lösungen zu Kapitel 4

Aufgabe 4.1:

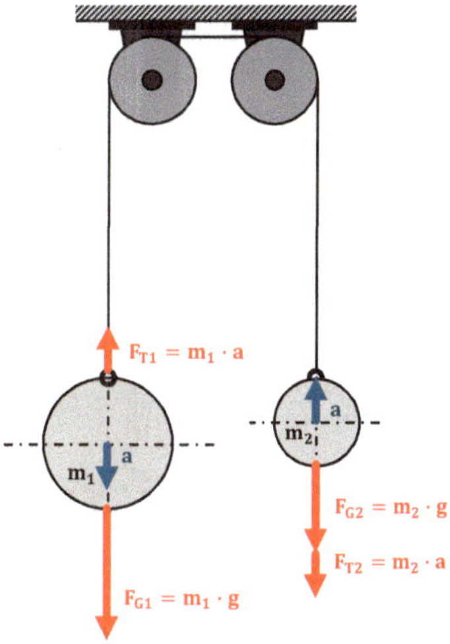

Dynamisches Kräftegleichgewicht
an der kleinen rechten Kugel:

$$F_{G1} - F_{T1} - F_{G2} - F_{T2} = 0$$

$$F_{G1} - F_{G2} = F_{T1} + F_{T2} = (m_1 + m_2) \cdot a$$

$$a = \frac{F_{G1} - F_{G2}}{m_1 + m_2} = \frac{(m_1 - m_2) \cdot g}{m_1 + m_2}$$

$$a = \frac{(3 - 2)\,\text{kg} \cdot 9{,}81\ \text{m/s}^2}{(3 + 2)\,\text{kg}} = 1{,}962\ \text{m/s}^2$$

Probe:
Das dynamische Kräftegleichgewicht
muss auch an der großen linken Kugel
gegeben sein:

$$F_{G1} - F_{T1} - F_{G2} - F_{T2} = 0$$

$$(m_1 - m_2) \cdot g - (m_1 + m_2) \cdot a = 0$$

$$1\,\text{kg} \cdot 9{,}81\ \frac{\text{m}}{\text{s}^2} - (3 + 2)\,\text{kg} \cdot 1{,}962\ \frac{\text{m}}{\text{s}^2} = 0$$

Anmerkung:
Weil beide Kugeln über das Seil miteinander verbunden sind,
haben ihre Beschleunigungen gleich große Beträge.

Aufgabe 4.2:

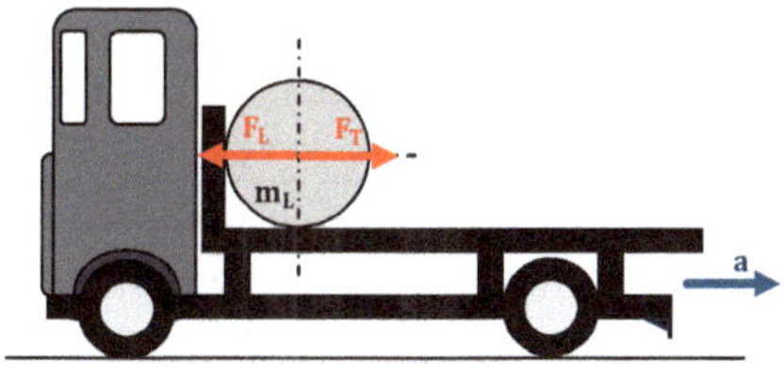

Dynamisches Kräftegleichgewicht:

$$F_L - F_T = 0$$

$$F_L - m_L \cdot a = 0$$

$$F_L = m_L \cdot a = 2.000\ \text{kg} \cdot 4\ \text{m/s}^2$$

$$F_L = 8.000\ \text{N}$$

Aufgabe 4.3

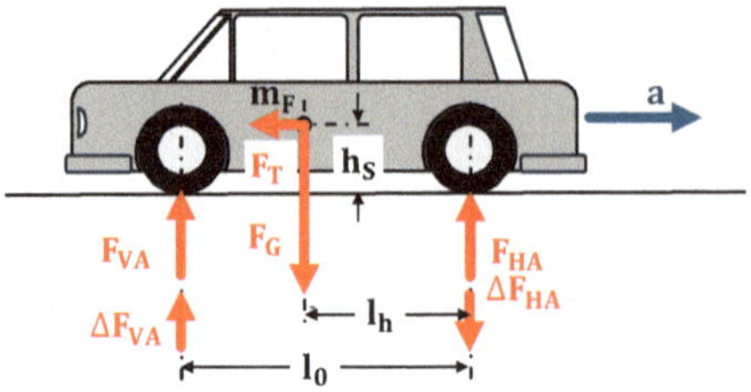

Statisches Kräftegleichgewicht in vertikaler Richtung:
$F_G - F_{VA} - F_{HA} = 0$

Statisches Momentengleichgewicht um den Aufstandspunkt der Hinterräder:
$F_G \cdot l_h - F_{VA} \cdot l_0 = 0$

Statische Achslast an den Vorderrädern:

$$F_{VA} = F_G \cdot \frac{l_h}{l_0} = m \cdot g \cdot \frac{l_h}{l_0} = 1.000 \text{ kg} \cdot 9{,}81 \frac{\text{m}}{\text{s}^2} \cdot \frac{1{,}0 \text{ m}}{1{,}8 \text{ m}} = 5.450 \text{ N}$$

Statisches Momentengleichgewicht um den Aufstandspunkt der Vorderräder:
$F_G \cdot (l_0 - l_h) - F_{HA} \cdot l_0 = 0$
Daraus folgt die Statische Achslast an der Hinterrädern:

$$F_{HA} = F_G \cdot \frac{l_0 - l_h}{l_0} = m_F \cdot g \cdot \frac{l_0 - l_h}{l_0} = 1.000 \text{ kg} \cdot 9{,}81 \frac{\text{m}}{\text{s}^2} \cdot \frac{(1{,}8 - 1{,}0) \text{ m}}{1{,}8 \text{ m}}$$

$F_{HA} = 4.360 \text{ N}$

Überprüfung des statischen Gleichgewichts:
$F_G - F_{VA} - F_{HA} = m_F \cdot g - F_{VA} - F_{HA} = 0$

$$1.000 \text{ kg} \cdot 9{,}81 \frac{\text{m}}{\text{s}^2}(5{,}450 - 4.360) \text{ N} = 0$$

Dynamisches Momentengleichgewicht um den Aufstandspunkt der Hinterräder:
$F_G \cdot l_h + F_T \cdot h_S - F_{VA} \cdot l_0 - \Delta F_{VA} \cdot l_0 = 0$
Daraus folgt die dynamische Änderung der Achslast an den Vorderrädern:

$$\Delta F_{VA} = \frac{F_G \cdot l_h + F_T \cdot h_S - F_{VA} \cdot l_0}{l_0} = \frac{m_F \cdot (g \cdot l_h + a \cdot h_S)}{l_0} - F_{VA}$$

$$\Delta F_{VA} = \frac{1.000 \text{ kg} \cdot \left(9{,}81 \frac{\text{m}}{\text{s}^2} \cdot 1{,}0 \text{ m} + 5 \frac{\text{m}}{\text{s}^2} \cdot 0{,}4 \text{ m}\right)}{1{,}8 \text{ m}} - 5.450 \text{ N} = 1.111{,}111 \text{ N}$$

Dynamische Achslast an der Vorderrädern:
$F_{VA} + \Delta F_{VA} = (5.450 + 1.111{,}111) \text{ N} = 6.561{,}111 \text{ N}$

Zu Aufgabe 4.3:

Dynamisches Momentengleichgewicht um den Aufstandspunkt der Vorderräder:

$F_G \cdot (l_0 - l_h) - F_T \cdot h_S - F_{HA} \cdot l_0 + \Delta F_{HA} \cdot l_0 = 0$

Daraus folgt die dynamische Achslaständerung an der Hinterrädern:

$$\Delta F_{HA} = -\frac{F_G \cdot (l_0 - l_h) - F_T \cdot h_S - F_{HA} \cdot l_0}{l_0}$$

$$\Delta F_{HA} = -\frac{m_F \cdot [g \cdot (l_0 - l_h) - a \cdot h_S]}{l_0} + F_{HA}$$

$$\Delta F_{HA} = -\frac{1.000\,\mathrm{kg} \cdot \left[9{,}81\,\frac{\mathrm{m}}{\mathrm{s}^2} \cdot (1{,}8 - 1{,}0)\,\mathrm{m} - 5\,\frac{\mathrm{m}}{\mathrm{s}^2} \cdot 0{,}4\,\mathrm{m}\right]}{1{,}8\,\mathrm{m}} + 4.360\,\mathrm{N}$$

$$\Delta F_{HA} = 1.111{,}111\,\mathrm{N}$$

Anmerkungen:
Die dynamischen Achslaständerungen ΔF_{HA}und ΔF_{HA}
haben den gleichen Betrag, weil die horizontal wirkende Trägheitskraft F_T
keinen Einfluss auf das senkrechte Kräftegleichgewicht hat.

Die dynamischen Achslaständerungen ΔF_{HA}und ΔF_{HA}
lassen sich auch allein mit der Trägheitskraft F_T
und der geometrischen Lage des Schwerpunkts (h_S, h, l_0) berechnen.

Dynamisches Momentengleichgewicht um den Aufstandspunkt der Vorderräder:

$F_T \cdot h_S - \Delta F_{HA} \cdot l_0 = 0$

$$\Delta F_{HA} = F_T \cdot \frac{h_S}{l_0} = m_F \cdot a \cdot \frac{h_s}{l_0} = 1.000\,\mathrm{kg} \cdot 5\,\frac{\mathrm{m}}{\mathrm{s}^2} \cdot \frac{0{,}4\,\mathrm{m}}{1{,}8\,\mathrm{m}} = 1.111{,}111\,\mathrm{N}$$

Dynamisches Momentengleichgewicht um den Aufstandspunkt der Hinterräder:

$F_T \cdot h_S - \Delta F_{VA} \cdot l_0 = 0$

$$\Delta F_{VA} = F_T \cdot \frac{h_S}{l_0} = m_F \cdot a \cdot \frac{h_s}{l_0} = 1.000\,\mathrm{kg} \cdot 5\,\frac{\mathrm{m}}{\mathrm{s}^2} \cdot \frac{0{,}4\,\mathrm{m}}{1{,}8\,\mathrm{m}} = 1.111{,}111\,\mathrm{N}$$

Aufgabe 4.4

Die Kräfte im Seil sind im dynamischen Gleichgewicht:

$F_{G2} - F_{T2} - F_{T1} = 0$

$m_2 \cdot g - (m_2 + m_1) \cdot a = 0$

umgestellt und eingesetzt:

$$a = g \cdot \frac{m_2}{m_2 + m_1}$$

$$a = 9{,}81\,\frac{\mathrm{m}}{\mathrm{s}^2} \cdot \frac{2\,\mathrm{kg}}{(2+4)\,\mathrm{kg}}$$

$$a = 3{,}27\,\mathrm{m/s}^2$$

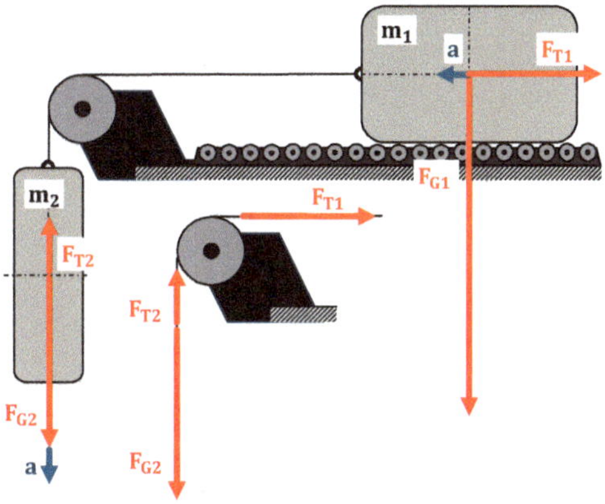

Aufgabe 4.5:

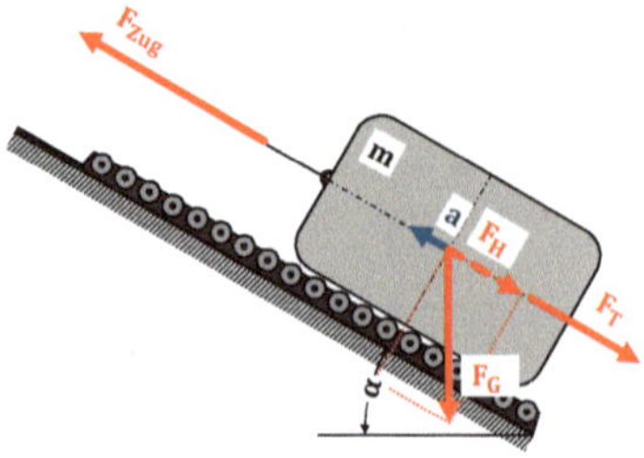

Dynamisches Kräftegleichgewicht in Hangrichtung:

$F_{Zug} - F_H - F_T = 0$

$F_{Zug} - m \cdot g \cdot \sin\alpha - m \cdot a = 0$

Umgestellt und eingesetzt:

$$a = \frac{F_{Zug} - m \cdot g \cdot \sin\alpha}{m} = \frac{F_{Zug}}{m} - g \cdot \sin\alpha$$

$$a = \frac{50\ \text{N}}{4\ \text{kg}} - 9{,}81\ \frac{\text{m}}{\text{s}^2} \cdot \sin 30°$$

$$a = 7{,}595\ \text{m/s}^2$$

5 ARBEIT, ENERGIE, LEISTUNG

5.1 Arbeit und Energie

Mit der Übertragung von Energie auf einen Körper wird Arbeit verrichtet. Dabei greift im einfachsten Fall eine Kraft F am Körper an und ihr Angriffspunkt legt in Kraftrichtung den Weg s zurück. Der Körper wird dabei entgegen einer Widerstandskraft (Trägheitskraft, Reibkraft) bewegt oder verformt. Das Produkt aus einwirkender Kraft F und vom Angriffspunkt zurückgelegtem Weg s ist die verrichtete Arbeit W (work):

$$\mathbf{W = F \cdot s}$$

Greift eine resultierende Kraft nicht in Richtung der Bewegung an, ist allein ihre Komponente in Wegrichtung maßgebend für die verrichtete Arbeit. Beispiele zeigt **Abbildung 5-1**.

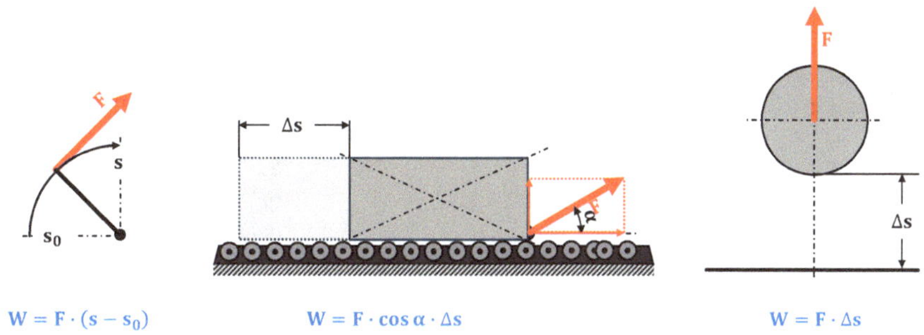

Abbildung 5-1: Beispiele zur Verrichtung von Arbeit bei Einwirkung einer konstanten Kraft

Die Einheit der Arbeit bzw. Energie ist Nm = J (Joule). Sie ist benannt nach dem englischen Physiker James Prescott Joule (1818–1889). Allgemein ist die Arbeit ein Skalarprodukt aus den beiden Vektoren Kraft $\vec{F}$ und Weg $\vec{s}$. Mit infinitesimal kleinen Wegabschnitten $d\vec{s}$ ergibt sich:

$$dW = \vec{F} \cdot d\vec{s} \qquad \rightarrow \qquad W = \int_{s_0}^{s} \vec{F} \cdot d\vec{s}$$

Ist die Kraft F konstant folgt daraus als bekannte Formel:

$$W = F \cdot \int_{s_0}^{s} ds = F \cdot (s - s_0) = F \cdot \Delta s$$

Bei nicht konstanter Kraft ist deren Funktion über dem Weg zu integrieren. In **Abbildung 5-2** ist links die Integration einer konstanten Kraft und rechts einer linear

A. Berg, *Tutorial zu ausgewählten Themen der Technischen Mechanik*,
https://doi.org/10.1007/978-3-658-52068-7_5

mit dem Weg ansteigenden Kraft dargestellt. Anschaulich entspricht die verrichtete Arbeit im Kraft-Weg-Diagramm der Fläche unter dem Kraftverlauf.

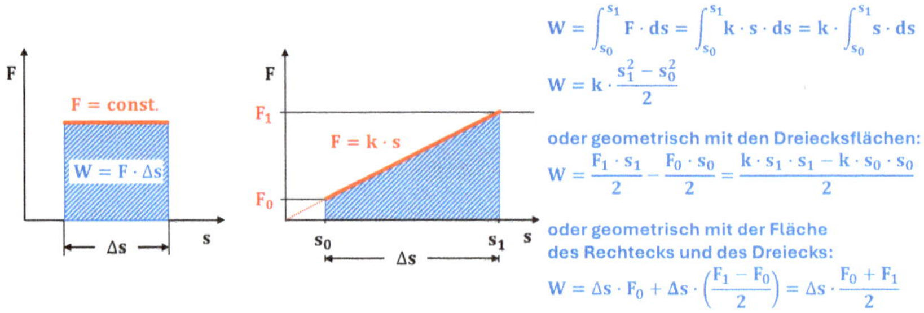

Abbildung 5-2: Beispiele zur Integration des Kraft-Weg-Verlaufs zur Bestimmung der verrichteten Arbeit

Beispiel 5.1.1

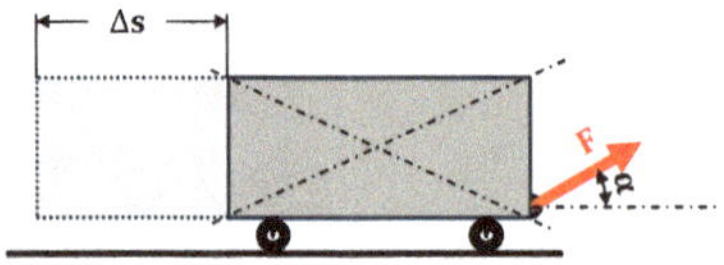

Ein Wagen wird mit der konstanten Kraft $F = 3$ kN gezogen und legt dabei die Wegstrecke $\Delta s = 1$ m zurück. Bezogen auf die Horizontale ist die Wirklinie der Kraft F um den Winkel $\alpha = 30°$ nach oben geneigt. Wie groß ist die verrichtete Arbeit W?

$$W = F \cdot \cos\alpha \cdot \Delta s = 3\ \text{kN} \cdot \cos 30° \cdot 1\ \text{m}$$

$$W = 2{,}6\ \text{kNm} = 2{,}6\ \text{kJ}$$

Beispiel 5.1.2

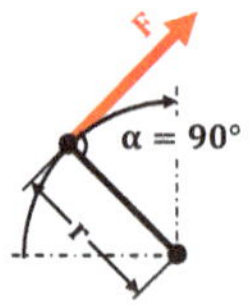

An einer Kurbel wirkt die Kraft $F = 3$ kN im rechten Winkel zum Hebelarm mit dem Radius $r = 1$ m. Wie groß ist die verrichtete Arbeit nach einer Drehung um den Winkel $\alpha = 90°$?

$$W = F \cdot s = F \cdot 2 \cdot \pi \cdot r/4 = 3\ \text{kN} \cdot 2 \cdot \pi \cdot 0{,}25\ \text{m}$$
$$W = 4{,}71\ \text{kNm} = 4{,}71\ \text{kJ}$$

Beispiel 5.1.3

Ein Körper mit der Gewichtskraft $F_G = 5$ kN wird mit der Hubkraft F_{Hub} sehr langsam (mit vernachlässigbar kleiner Beschleunigung) um die Wegstrecke $\Delta s = 2$ m nach oben gehoben. Wie groß ist die dabei verrichtete Hubarbeit W_{Hub}?

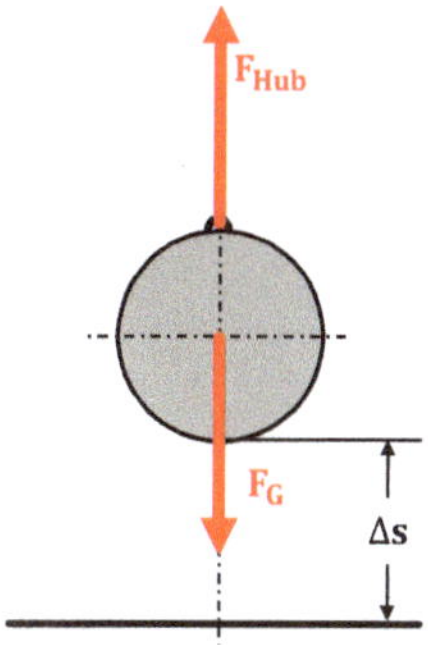

Aus dem senkrechten Kräftegleichgewicht folgt:
$F_{Hub} = F_G$

$W_{Hub} = F_G \cdot \Delta s = 5\text{ kN} \cdot 2\text{ m} = 10\text{ kNm} = 10\text{ kJ}$

Wird ein Körper angehoben, so ändert sich seine potenzielle Energie E_{pot}.

$$\mathbf{E_{pot} = m \cdot g \cdot h}$$

Der Betrag dieser Energieänderung ΔE_{pot} ist gleich der dabei verrichteten Hubarbeit W_{Hub}, **Abbildung 5-3**.

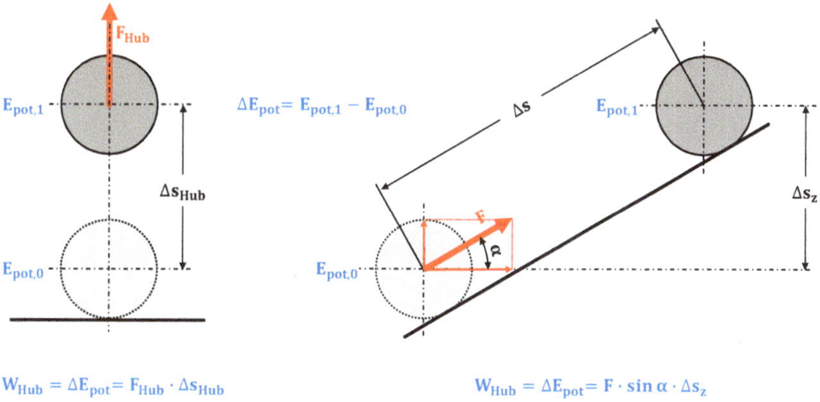

Abbildung 5-3: Beispiele zur Veranschaulichung von Hubarbeit und Änderung der potenziellen Energie

Eine weitere Energieform ist die kinetische Energie E_{kin}, welche sich aus einer Verknüpfung der bewegten Masse m und ihrer Geschwindigkeit v ergibt.

$$\mathbf{E_{kin} = \frac{m \cdot v^2}{2}}$$

Beide Energieformen können ineinander umgewandelt werden. Befindet sich eine Masse auf der Höhe h über der Bezugsebene ist ihre potenzielle Energie $E_{pot} = m \cdot g \cdot h$. Fällt sie aus dieser Höhe herunter hat ihre kinetische Energie beim Aufprall auf die Bezugsebene den gleichen Betrag $E_{kin} = E_{pot}$, wobei sich die Aufprallgeschwindigkeit aus den Gesetzen des freien Falls mit der Erdbeschleunigung g ergibt, **Abbildung 5-4**.

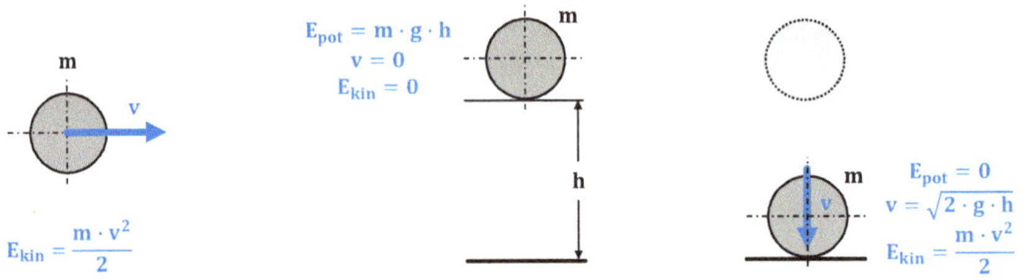

Abbildung 5-4: Veranschaulichungen von kinetischer Energie einer bewegten Masse und Umwandlung von potentieller Energie in kinetische Energie

Aufgabe 5.1.1

Die an der im Bild dargestellten Feder angreifende Kraft F nimmt linear mit dem Auszugsweg s der Feder zu. Im Ausgangszustand wirkt die Kraft $F_1 = 5$ N und die Feder ist um den Weg $s_1 = 5$ cm ausgezogen. Wie groß ist die Arbeit W, welche beim Ausziehen der Feder von s_1 nach $s_2 = 10$ cm verrichtet wird?

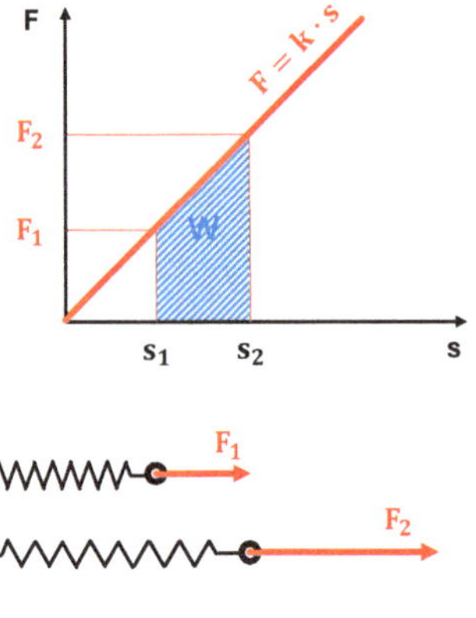

Aufgabe 5.1.2

Auf einer ebenen Fläche
liegen nebeneinander
zehn quaderförmige Ziegelsteine.
Jeder Stein hat die Höhe $h = 6{,}5$ cm
und die Gewichtskraft $F_G = 35$ N.
Welche Arbeit W_{ges} ist zu verrichten,
um alle zehn Ziegelsteine
aufeinander zu stapeln?

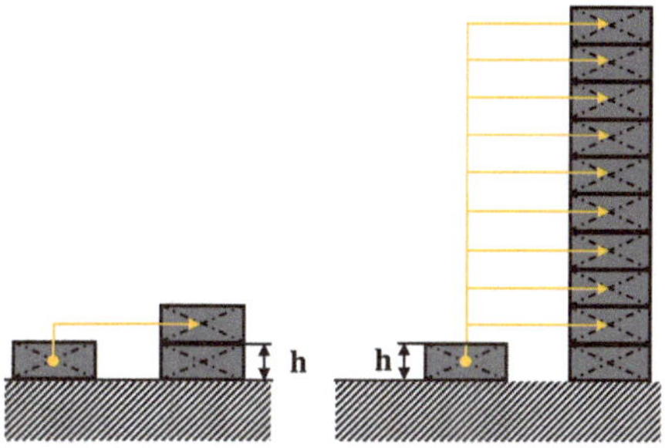

Aufgabe 5.1.3

Es sind zehn Ziegelsteine
aufeinander gestapelt worden,
die vorher auf einer ebenen Fläche
nebeneinander lagen.
Dabei wurde insgesamt die Arbeit
$W_{ges} = 102{,}375$ Nm verrichtet.
Jeder Stein hat die Höhe $h = 6{,}5$ cm.
Wie groß ist die Masse m
eines einzelnen Steins?

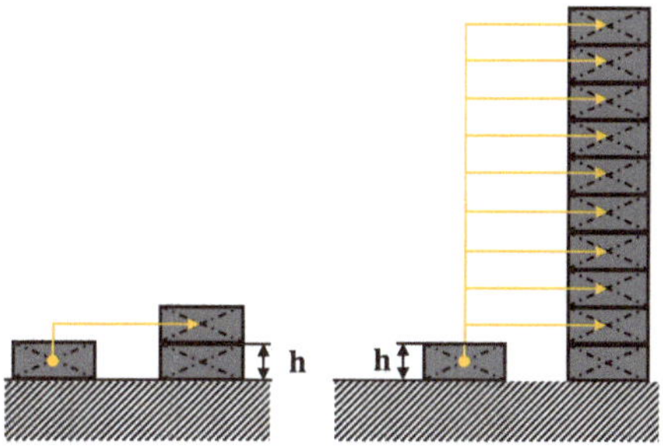

5.2 Leistung

Bezogen auf die Zeitdauer Δt in welcher eine bestimmte Arbeit ΔW verrichtet wird, ergibt sich die zugehörige mittlere Leistung $\overline{P}$ (Power). Das entspricht dem Produkt aus der im Zeitintervall Δt wirkenden mittleren Kraft $\overline{F}$ und ihrer mittleren Geschwindigkeit $\overline{v}$.

$$\mathbf{\overline{P} = \frac{\Delta W}{\Delta t} = \frac{\overline{F} \cdot \Delta s}{\Delta t} = \overline{F} \cdot \overline{v}}$$

Ändern sich die Kraft und/oder die Geschwindigkeit im betrachteten Zeitintervall Δt kann die Leistung als Momentanwert zu einem bestimmten Zeitpunkt der Bewegung entsprechend den jeweils gegebenen Werten von wirkender Kraft und gegebener Geschwindigkeit berechnet werden. Somit gilt allgemein innerhalb einer infinitesimal kleinen Zeitdauer dt:

$$\mathbf{P = \frac{dW}{dt} = \frac{F \cdot ds}{dt} = F \cdot v}$$

Aus dem Produkt von Kraft und Geschwindigkeit ergibt sich als Einheit der Leistung $N \cdot m/s = J/s = W$ (Watt). Die Namensgebung ist eine Ehrung des schottischen Ingenieurs und Physikers James Watt (1736–1819). Eine veraltete, aber immer noch gebräuchliche Einheit der Leistung ist PS (Pferdestärke). Zur historischen Definition ist die heute nicht mehr gebräuchliche Einheit kp für die Kraft verwendet worden ($1\ PS \approx 75\ kpm/s$), wobei $1\ kp = 1\ g \cdot 1\ N \approx 9{,}80665\ N$ ist. Entsprechend ergibt sich $1\ PS = 75 \cdot 9{,}80665\ W \approx 735{,}5\ W$ bzw. $1\ kW \approx 1{,}36\ PS$.

Gut geeignet zum Verständnis der Leistung ist die Betrachtung von Beschleunigungsvorgängen. In **Abbildung 5-5** ist eine geradlinige Bewegung dargestellt, bei der eine Masse $m = 1\ kg$ mit konstanter Beschleunigung $a = 0{,}5\ m/s^2$ bewegt wird. Entsprechend wirkt während des gesamten Vorgangs eine konstante Beschleunigungskraft $F = m \cdot a = 0{,}5\ N$, wobei die Geschwindigkeit v linear zunimmt. Somit nimmt auch der Momentanwert der erbrachte Leistung $P = F \cdot v$ mit der Zeit linear zu. Trotz der konstanten Beschleunigungskraft ist die erbrachte Leistung nicht konstant, weil die Geschwindigkeit zunimmt. In einem bestimmten Zeitintervall Δt von t_0 bis t_1 ergibt sich als mittlere Leistung $\overline{P} = F \cdot \Delta s/\Delta t = F \cdot \overline{v}$.

Wird im dargestellten Beispiel das Zeitintervall von $t_0 = 0\ s$ bis $t_1 = 2{,}0\ s$ betrachtet, erreicht am Ende des Intervalls die Geschwindigkeit den Wert:

$$v_1 = a \cdot t_1 = 0{,}5\ \frac{m}{s^2} \cdot 2\ s = 1{,}0\ m/s.$$

Am Ende des Intervalls beträgt somit die Augenblicksleistung:

$$P_1 = F \cdot v_1 = 0{,}5\ N \cdot 1{,}0\ m/s = 0{,}5\ Nm/s = 0{,}5\ W$$

Für die mittlere Leistung im betrachteten Zeitinterwall ergibt sich:

$$\overline{P} = F \cdot \overline{v} = F \cdot \frac{v_1 - v_0}{2} = 0{,}5\ N \cdot \frac{1\ m/s}{2} = 0{,}25\ Nm/s = 0{,}25\ W$$

Im betrachteten Beispiel mit konstanter Beschleunigung a (und entsprechend konstanter Beschleunigungskraft F) ist somit die mittlere Leistung $\overline{P}$ gleich groß wie die halbe Augenblicksleistung $P_1 = 0{,}5$ W am Ende des Intervalls bzw. wie die Augenblicksleistung $P^* = 0{,}25$ W in der zeitlichen Mitte des Intervalls ($t^* = 1{,}0$ s).

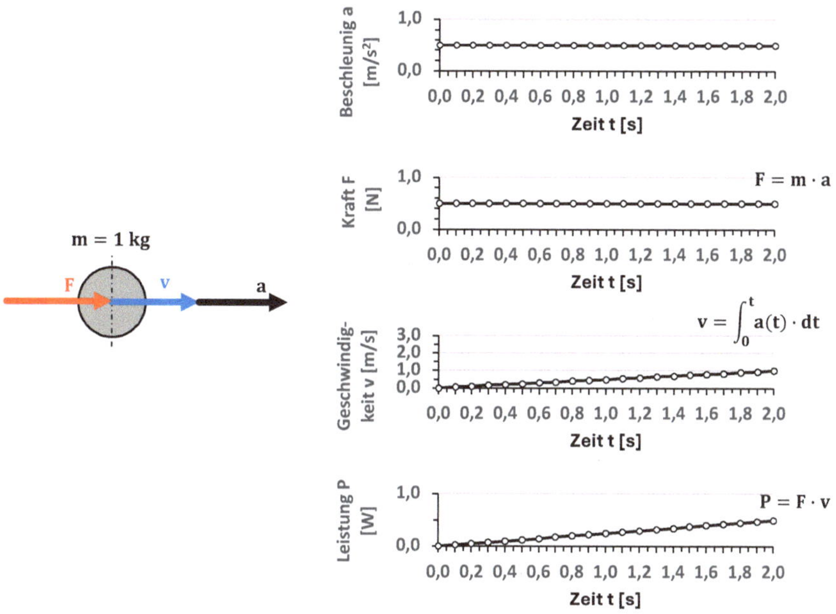

Abbildung 5-5: Zeitbezogene Verläufe
von Beschleunigungskraft, Geschwindigkeit und Leistung
bei linearer Bewegung einer Masse mit konstanter Beschleunigung

Als weiteres Beispiel zeigt **Abbildung 5-6** eine geradlinige Bewegung, bei der eine Masse $m = 1$ kg beschleunigt wird, wobei die Beschleunigung über der Zeit zunächst abnimmt auf $a = 0\ \mathrm{m/s^2}$ und danach konstant bei $a = 0\ \mathrm{m/s^2}$ bleibt. Entsprechend nimmt die Beschleunigungskraft auf $F = 0$ N ab und bleibt danach ebenfalls konstant bei $F = 0$ N. Solange die Beschleunigung $a > 0\ \mathrm{m/s^2}$ ist, steigt die Geschwindigkeit v an und bleibt danach konstant auf dem erreichten Wert. Während dieses Vorgangs steigt die Beschleunigungsleistung $P = F \cdot v$ zunächst an, erreicht einen Maximalwert, nimmt danach wieder bis zum Wert $P = 0$ W ab und bleibt dann ebenfalls konstant auf diesem Wert. Leistung wird hierbei nur während der Beschleunigung erbracht, weil nur in dieser Phase eine Beschleunigungskraft wirkt und entsprechend Arbeit verrichtet wird. Bewegt sich die Masse mit konstanter Geschwindigkeit weiter, ist dazu keine Kraft erforderlich, so dass keine Arbeit verrichtet und infolgedessen auch keine Leistung erbracht wird.

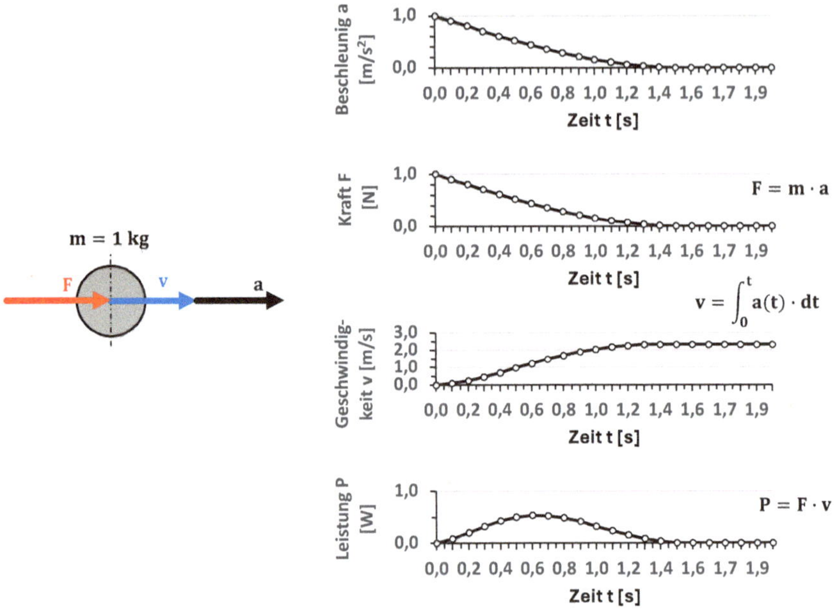

Abbildung 5-6: Zeitbezogene Verläufe
von Beschleunigungskraft, Geschwindigkeit und Leistung
bei linearer Bewegung einer Masse mit nicht konstanter Beschleunigung

Eine ortsfeste Kraft kann ebenfalls Arbeit verrichten. Dies ist beispielsweise bei einer rotierenden Bremsscheibe der Fall. Hier wird die Bremskraft durch Reibung des am Bremssattel befestigten Bremsbelags erzeugt und die Scheibe bewegt sich relativ zum Kraftangriffspunkt. Durch die Reibung zwischen Belag und Scheibe findet ein Umwandlung von kinetischer Energie in Reibarbeit (Wärmeenergie) statt.

Aufgabe 5.2.1

Eine Tonne mit der Masse $m = 50$ kg wird auf einer mit den Winkel $\alpha = 30°$ ansteigenden schiefen Ebene innerhalb einer Zeitspanne von $\Delta t = 30$ s entlang der Wegstrecke $\Delta s = 2$ m mit konstanter Geschwindigkeit nach oben bewegt .

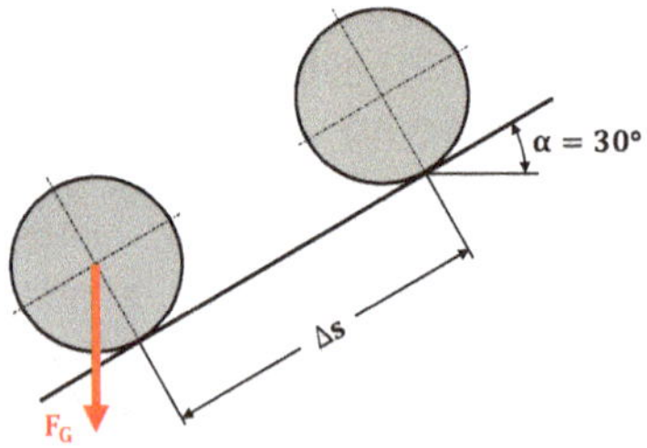

a) Welche Arbeit ΔW ist dabei zu verrichten?

b) Wie groß ist die zugehörige Leistung? Verlangt ist die Angabe in W und PS.

Aufgabe 5.2.2

Eine Gewehrkugel verlässt den Lauf nach einer Zeitdauer von $\Delta t = t_1 - t_o = 1{,}25$ ms, wobei ihre kinetische Energie um $\Delta E_{kin} = 4.000$ J zugenommen hat.

Wie groß ist die zugehörige mittlere Leistung $\overline{P}$ des Gewehrs?
Verlangt ist die Angabe in kW und PS.

Aufgabe 5.2.3

Ein Zug fährt mit der konstanten Geschwindigkeit $v = 46$ km/h.
Dabei überträgt die Lokomotive eine Zugkraft von $F_{Antrieb} = 105$ kN auf die Schienen, welche denselben Betrag hat wie die entgegengesetzt wirkende Widerstandskraft $F_{Widerstand}$.
Wie groß ist ihre Antriebsleistung $P_{Antrieb}$?
Verlangt sind die Angaben in kW und PS.
Ist diese Leistung konstant oder verändert sie sich?
Begründen Sie Ihre Antwort

Aufgabe 5.2.4

Ein Körper mit der Masse $m = 15$ kg
fällt aus einer Höhe von $h = 0{,}8$ m senkrecht nach unten
und prallt hier auf den Boden.

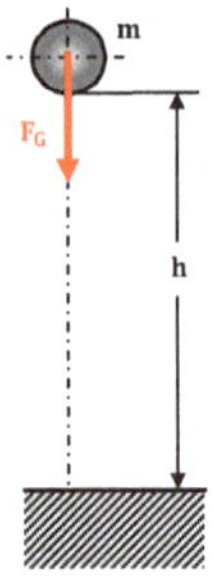

a) Wie groß ist der Betrag
der kinetischen Aufprallenergie $E_{kin,Aufprall}$?

b) Wie groß ist der Betrag der Fallleistung P_1
nach einem Fallweg von $s_1 = 0{,}4$ m?

c) Wie groß ist der Betrag
der Aufprall-Leistung $P_{Aufprall}$?

d) Wie groß ist die mittlere Leistung $\overline{P}$
während des gesamten Falls?

Aufgabe 5.2.5

Ein Pkw mit der Masse $m = 1.000$ kg beschleunigt aus dem Stand
innerhalb der Zeitdauer $\Delta t = 10$ s auf die Geschwindigkeit $v_1 = 100$ km/h.

a) Wie groß ist die dabei verrichtete Arbeit?

b) Wie groß ist die zugehörige mittlere Leistung?
Verlangt ist die Angaben in kW und PS.

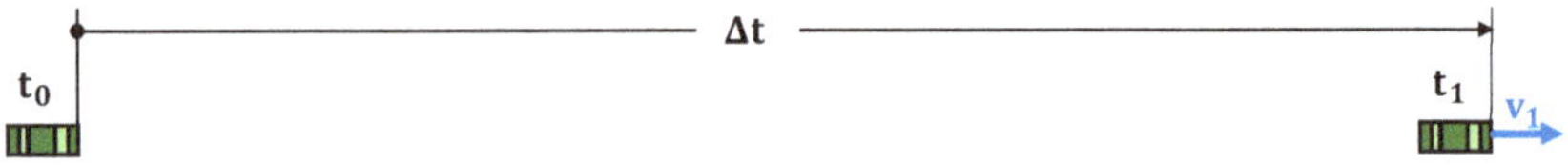

Aufgabe 5.2.6

Ein Pkw mit der Masse $m = 1.000$ kg
wird aus der Geschwindigkeit $v_0 = 100$ km/h
mit der konstanten Verzögerung $a_{Brems} = 10\ m/s^2$
bis zum Stillstand abgebremst.

a) Wie groß ist die mittlere Bremsleistung $\overline{P}_{Brems}$?

b) Wie groß ist die momentane Bremsleistung $P_{Brems,0}$
bei Bremsbeginn ($t = t_0$)

Verlangt sind die Angaben in kW und PS.

5.3 Lösungen zu Kapitel 5

Aufgabe 5.1.1

Federkonstante:
$k = F_1/s_1 = 5\ \text{N}/0{,}05\ \text{m} = 100\ \text{N/m}$

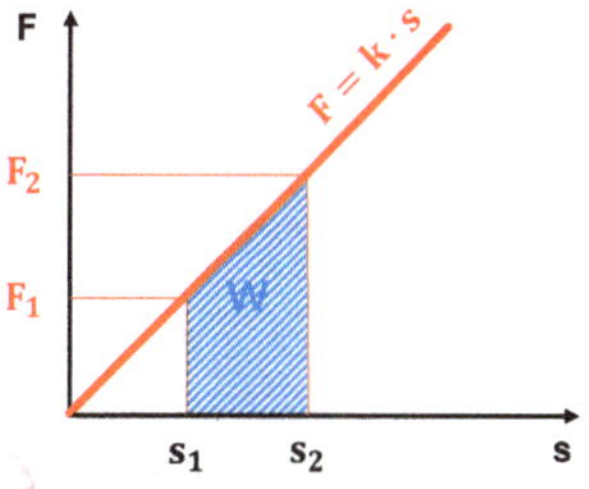

Arbeit:

$$W = \int_{s_1}^{s_2} F(s) \cdot ds = \int_{s_1}^{s_2} k \cdot s \cdot ds$$

$$W = k \cdot \int_{s_1}^{s_2} s \cdot ds = k \cdot \left(\frac{s_2^2}{2} - \frac{s_1^2}{2}\right)$$

$$W = \frac{100\ \text{N}}{\text{m}} \cdot \frac{0{,}1^2 - 0{,}05^2}{2} \text{m}^2$$

$$W = 0{,}375\ \text{Nm}$$

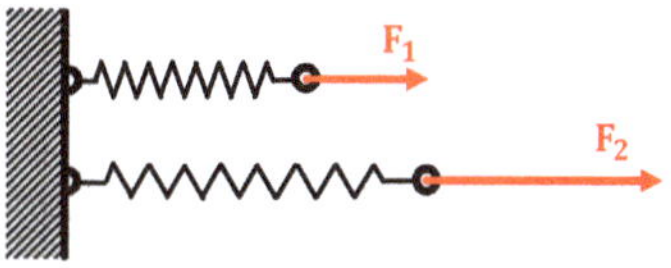

Geometrische Alternativen (Fläche unter dem Geradenabschnitt):

$$F_2 = k \cdot s_2 = 100 \frac{\text{N}}{\text{m}} \cdot 0{,}1\ \text{m} = 10\ \text{N}$$

$$W \ = \ (F_2 - F_1) \cdot \frac{s_2 - s_1}{2} + F_1 \cdot (s_2 - s_1) = 5\ \text{N} \cdot 0{,}025\ \text{m} + 5\ \text{N} \cdot 0{,}05\ \text{m}$$

$$W = 0{,}125\ \text{Nm} + 0{,}25\ \text{Nm} = 0{,}375\ \text{Nm}$$

$$W = \Delta s \cdot \frac{F_0 + F_1}{2} = (s_2 - s_1) \cdot \frac{F_0 + F_1}{2} = 0{,}05\ \text{m} \cdot \frac{15\ \text{N}}{2} = 0{,}375\ \text{N}$$

Aufgabe 5.1.2

Arbeit zum Heben des ersten Steins:
$W_1 = F_G \cdot h$

Arbeit zum Heben des zweiten Steins:
$W_2 = F_G \cdot 2 \cdot h$

usw.

Arbeit zum Heben des neunten Steins:
$W_9 = F_G \cdot 9h$

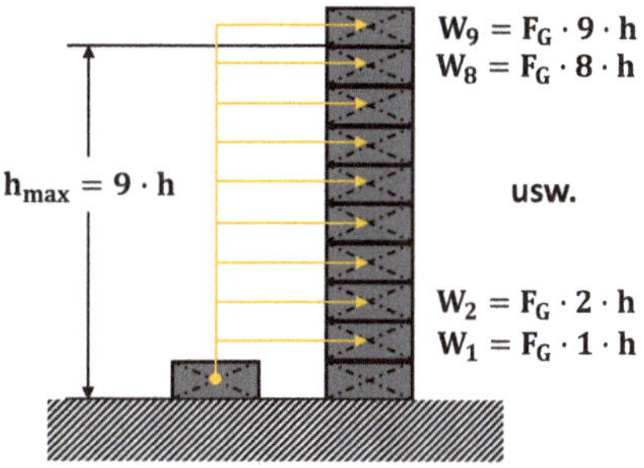

Arbeit zum Heben aller neun Steine:
$W_{ges} = W_1 + W_2 + \cdots + W_9$
$W_{ges} = F_G \cdot (1 \cdot h + 2 \cdot h + \cdots + 9 \cdot h)$

$W_{ges} = F_G \cdot h \cdot (1 + 2 + 3 + 4 + 5 + 6 + 7 + 8 + 9) = F_G \cdot h \cdot 45$
$W_{ges} = 35\ \text{N} \cdot 6{,}5\ \text{cm} \cdot 45 = 10.237{,}50\ \text{Ncm} = 102{,}375\ \text{Nm}$

Aufgabe 5.1.3

Arbeit zum Heben aller neun Steine (siehe Aufgabe 6.2):

$W_{ges} = F_G \cdot h \cdot 45$

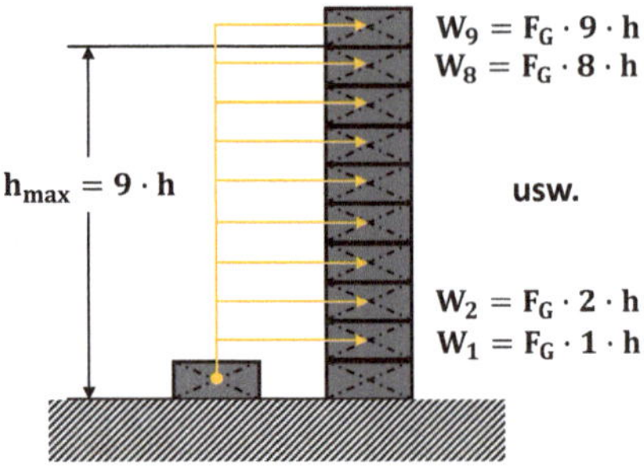

Masse eines einzelnen Steins:

$$F_G = m \cdot g = \frac{W_{ges}}{45 \cdot h}$$

$$m = \frac{W_{ges}}{45 \cdot h \cdot g}$$

$$m = \frac{102{,}374\ \text{Nm}}{45 \cdot 0{,}065\ \text{m} \cdot 9{,}81\ \text{m/s}^2}$$

$$m = 3{,}5678\ \text{kg}$$

Aufgabe 5.2.1

a) Hangabtriebskraft:

$F_h = F_G \cdot \sin\alpha = m \cdot g \cdot \sin\alpha$

Arbeit entlang des Wegs Δs in Richtung der Hangabtriebskraft:

$W = F_h \cdot \Delta s = m \cdot g \cdot \sin\alpha \cdot \Delta s$

$W = 50\ \text{kg} \cdot 9{,}81 \frac{\text{m}}{\text{s}^2} \cdot \sin 30° \cdot 2\ \text{m}$

$W = 490{,}5\ \text{Nm} = 490{,}5\ \text{J}$

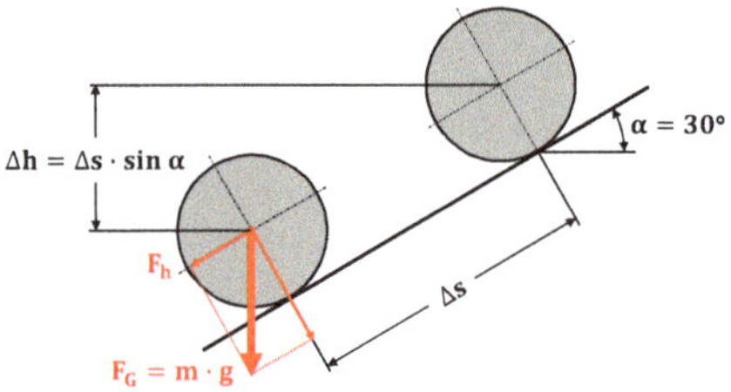

Alternative Lösung 1

Hubweg:

$\Delta h = \Delta s \cdot \sin\alpha$

Hubarbeit:

$W_{hub} = F_G \cdot \Delta h = m \cdot g \cdot \Delta h = m \cdot g \cdot \Delta s \cdot \sin\alpha$ (siehe oben)

Alternative Lösung 2

Potenzielle Energie in der unteren Position:

$E_{pot,unten} = 0\ \text{J}$

Potenzielle Energie in der oberen Position:

$E_{pot,oben} = m \cdot g \cdot \Delta h = m \cdot g \cdot \Delta s \cdot \sin\alpha$

Hubarbeit:

$W_{Hub} = E_{Pot,oben} - E_{Pot,unten} = m \cdot g \cdot \Delta h - 0 = m \cdot g \cdot \Delta s \cdot \sin\alpha$ (siehe oben)

Zu Aufgabe 5.2.1

a) Kraft und die Geschwindigkeit und damit auch die Leistung sind konstant:

$$P = F \cdot v = \bar{P} = \frac{F_h \cdot \Delta s}{\Delta t} = \frac{F_G \cdot \sin\alpha \cdot \Delta s}{\Delta t} = \frac{m \cdot g \cdot \sin\alpha \cdot \Delta s}{\Delta t}$$

$$P = \frac{50\ \text{kg} \cdot 9{,}81 \frac{\text{m}}{\text{s}^2} \cdot \sin 30° \cdot 2\ \text{m}}{30\ \text{s}} = 16{,}35\ \text{Nm/s} = 16{,}35\ \text{J/s} = 16{,}35\ \text{W}$$

$$P \approx \frac{16{,}35}{1000}\,\text{kW} \cdot 1{,}36\ \frac{\text{PS}}{\text{kW}} = 0{,}022\ \text{PS}$$

Aufgabe 5.2.2

$$\overline{P} = \frac{\Delta E_{kin}}{\Delta t}$$

$$\overline{P} = \frac{4.000\ Nm}{0{,}00125\ s}$$

$$\overline{P} = 3.200\ \text{kW} \approx 3.200 \cdot 1{,}36\ \text{PS} = 4.352\ \text{PS}$$

Aufgabe 5.2.3

Antriebsleistung:

$$P_{Antrieb} = F_{Antrieb} \cdot v = 105\ \text{kN} \cdot \frac{46}{3{,}6}\frac{\text{m}}{\text{s}} = 1.341{,}67\ \text{kW}$$

$$P_{Antrieb} \approx 1.341{,}67 \cdot 1{,}36\ \text{PS} = 1.824{,}67\ \text{PS}$$

Die Antriebsleistung $P_{Antrieb}$ ist konstant,
weil Antriebskraft $F_{Antrieb}$ und Widerstandskraft $F_{Widerstand}$
den gleichen Betrag haben und konstant sind.
Somit ist der Zug unbeschleunigt und die Geschwindigkeit v konstant.

Aufgabe 5.2.4

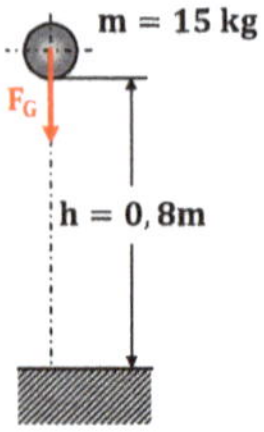

a) Aufprallenergie:

$$E_{kin,Aufprall} = \frac{m}{2} \cdot v_{Aufprall}^2 = \frac{m}{2} \cdot 2 \cdot g \cdot h = m \cdot g \cdot h$$

$$E_{kin,Aufprall} = 15\ \text{kg} \cdot 9{,}81\ \frac{\text{m}}{\text{s}^2} \cdot 0{,}8\ \text{m}$$

$$E_{kin,Aufprall} = 117{,}72\ \text{J}$$

b) Fallgeschwindigkeit bei $s_1 = 0{,}4$ m:

$$v_1 = \sqrt{2 \cdot g \cdot s_1}$$

Fallleistung bei $s_1 = 0{,}4$ m:

$$P_1 = F_G \cdot v_1 = m \cdot g \cdot \sqrt{2 \cdot g \cdot s_1}$$

$$P_1 = 15\ \text{kg} \cdot 9{,}81\ \frac{\text{m}}{\text{s}^2} \cdot \sqrt{2 \cdot 9{,}81 \frac{\text{m}}{\text{s}^2} \cdot 0{,}4\ \text{m}}$$

$$P_1 = 412{,}23\ \text{N} \cdot \frac{\text{m}}{\text{s}} = 412{,}23\ \frac{\text{J}}{\text{s}} = 412{,}23\ \text{W}$$

c) Aufprallgeschwindigkeit:

$$v_{Aufprall} = \sqrt{2 \cdot g \cdot h}$$

Aufprallleistung:

$$P_{Aufprall} = F_G \cdot v_{Aufprall} = m \cdot g \cdot \sqrt{2 \cdot g \cdot h}$$

$$P_{Aufprall} = 15\ \text{kg} \cdot 9{,}81\ \frac{\text{m}}{\text{s}^2} \cdot \sqrt{2 \cdot 9{,}81 \frac{\text{m}}{\text{s}^2} \cdot 0{,}8\ \text{m}}$$

$$P_{Aufprall} = 582{,}98\ \text{N} \cdot \frac{\text{m}}{\text{s}} = 582{,}98\ \frac{\text{J}}{\text{s}} = 582{,}98\ \text{W}$$

d) Gesamte Fallzeit:

$$t_{Fall} = \sqrt{\frac{2 \cdot h}{g}}$$

Aufprallenergie = potentiell Energie in der Höhe h:

$$E_{Aufprall} = m \cdot g \cdot h$$

Mittlere Leistung während des Falls:

$$\overline{P} = \frac{E_{Aufprall}}{t_{Fall,ges}} = \frac{m \cdot g \cdot h}{\sqrt{\frac{2 \cdot h}{g}}} = \frac{15\ \text{kg} \cdot 9{,}81\ \text{m/s}^2 \cdot 0{,}8\ \text{m}}{\sqrt{\frac{2 \cdot 0{,}8\ \text{m}}{9{,}81\ \text{m/s}^2}}} = 291{,}15\ \frac{\text{N}}{\text{s}}$$

$$\overline{P} = 291{,}15\ \text{W}$$

Zu Aufgabe 5.2.4

Die Fallleistung P_{Fall} nimmt linear mit der Zeit t zu.

Die gesamte Fallzeit beträgt:
$t_{Fall} = 0{,}404\ s$

Nach Verstreichen der halben Fallzeit beträgt die Fallleistung
$P^*_{Fall} = m \cdot g^2 \cdot \frac{t_{Fall}}{2}$

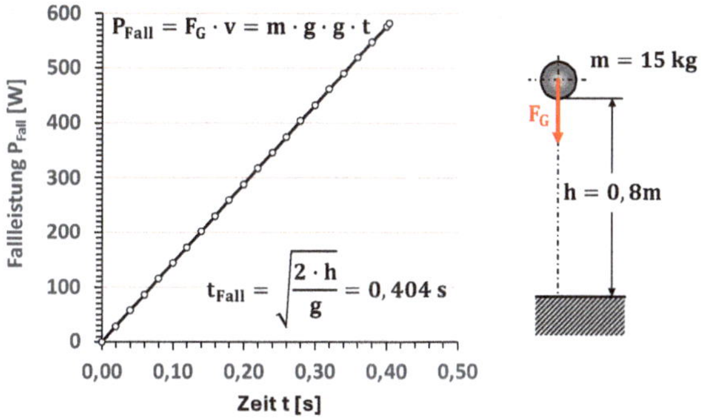

$$P^*_{Fall} = 15\ kg \cdot 9{,}81^2 \frac{m^2}{s^4} \cdot 0{,}202\ s = 291{,}60\ \frac{kg \cdot m^2}{s^2} \cdot \frac{1}{s} = 291{,}60\ Nm/s$$

$$P^*_{Fall} = 291{,}60\ W$$

Die mittlere Fallleistung ist als Momentanwert gegeben, wenn den halben Fallzeit verstrichen ist
($\overline{P} = P^*$, Abweichungen in den Nachkommastellen ergeben sich durch Rundungsfehler).

Der während des Falls zurückgelegte Weg s nimmt parabelförmig zu.
Der halbe Fallweg
$s_1 = 0{,}4\ m$
wird bei $t_1 = 0{,}286\ s$ erreicht.

Das ist mehr als die halbe Gesamtfallzeit
$\frac{t_{Fall}}{2} = 0{,}202\ s.$

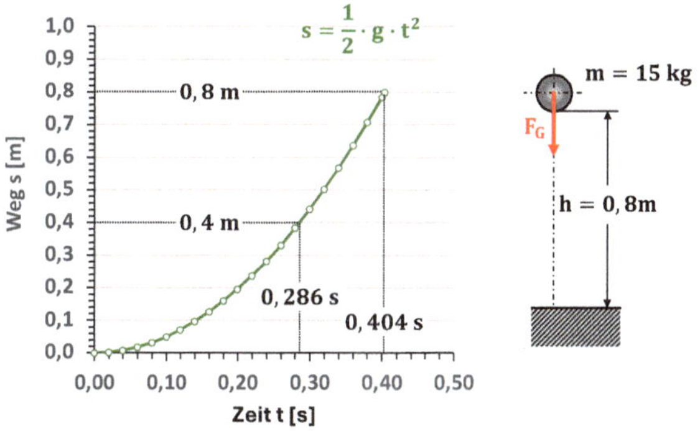

Somit ist nach Zurücklegen des halben Fallwegs $s_1 = 0{,}4\ m$ zum Zeitpunkt $t_1 = 0{,}286\ s$ die momentane Fallleistung $P_1 = 412{,}23\ W$ größer als die mittlere Fallleistung $\overline{P} = 291{,}15\ W$ (bzw. $P^* = 291{,}60\ W$), die als Momentanfallleistung bereits nach Verstreichen der halben Gesamtfallzeit gegeben ist.

Aufgabe 5.2.5

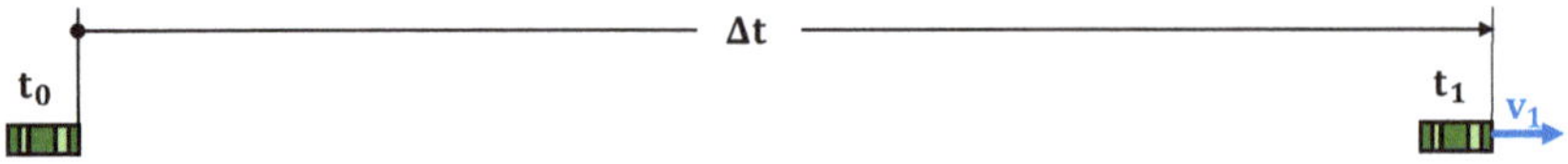

a) Verrichtete Arbeit = kinetische Energie bei $t_1 = 10$ s

$$W = E_{Kin} = \frac{m}{2} \cdot v_1^2 = \frac{1.000\ \text{kg}}{2} \cdot \left(\frac{100}{3,6}\right)^2 \frac{\text{m}^2}{\text{s}^2} = 385.802,47\ \text{Nm} = 385,80\ \text{kJ}$$

Alternative Rechnung mit $W = \overline{F} \cdot \Delta s$,
wobei $\overline{F}$ die mittlere Beschleunigungskraft
und $\bar{a}$ die mittlere Beschleunigung ist:

$$\overline{F} = m \cdot \bar{a} = m \cdot \frac{\Delta v}{\Delta t} = m \cdot \frac{v_1}{\Delta t}$$

$$\Delta s = \frac{1}{2} a \cdot \Delta t^2 = \frac{1}{2} \frac{v_1}{\Delta t} \cdot \Delta t^2 = \frac{1}{2} v_1 \cdot \Delta t$$

$$W = \overline{F} \cdot \Delta s = m \cdot \frac{v_1}{\Delta t} \cdot \frac{1}{2} \cdot v_1 \cdot \Delta t = m \cdot \frac{1}{2} v_1^2 = 1.000\ \text{kg} \cdot \frac{1}{2} \left(\frac{100}{3,6}\right)^2 \frac{\text{m}^2}{\text{s}^2}$$

$$W = 385,80\ \text{kJ}$$

b) Mittlere Leistung:

$$\overline{P} = \frac{W}{\Delta t} = \frac{m \cdot \frac{1}{2} \cdot v_1^2}{\Delta t} = \frac{1.000\ \text{kg} \cdot \left(\frac{100}{3,6}\right)^2 \frac{\text{m}^2}{\text{s}^2}}{2 \cdot 10\ \text{s}} = 38.580,25\ \text{Nm/s}$$

$$= 38,58\ \text{kW}$$

$$\overline{P} = 38,58\ \text{kW} \cdot 1,36 \frac{\text{PS}}{\text{kW}} = 52,47\ \text{PS}$$

Aufgabe 5.2.6

a) Verrichtete Bremsarbeit = kinetische Energie bei Bremsbeginn:

$$W = E_{Kin} = \frac{m}{2} \cdot v_0^2 = \frac{1.000\ \text{kg}}{2} \cdot \left(\frac{100}{3,6}\right)^2 \frac{\text{m}^2}{\text{s}^2} = 385.802,47\ \text{Nm}$$

$$W = 385,80\ \text{kJ}$$

Bremszeit:

$$\Delta t_{Brems} = \frac{v_0}{a_{Brems}}$$

Zu Aufgabe 5.2.6

a) Mittlere Bremsleistung:

$$\overline{P}_{Brems} = \frac{W}{\Delta t_{Brems}} = \frac{\frac{m}{2} \cdot v_0^2}{\frac{v_0}{a_{Brems}}} = \frac{m \cdot v_0 \cdot a_{Brems}}{2} = \frac{1.000\,\text{kg} \cdot \frac{100}{3,6}\,\frac{\text{m}}{\text{s}} \cdot 10\,\frac{\text{m}}{\text{s}^2}}{2}$$

$$\overline{P}_{Brems} = 138.888,89\,\frac{\text{Nm}}{\text{s}} = 138,889\,\text{kW}$$

$$\overline{P}_{Brems} = 138,89\,\text{kW} \cdot 1,36\,\text{ PS/kW} = 188,89\,\text{PS}$$

b) Bremskraft:

$$F_{Brems} = m \cdot a_{Brems}$$

Momentane Bremsleistung bei Bremsbeginn ($t = t_0$):

$$P_{Brems,0} = F_{Brems} \cdot v_0 = m \cdot a_{Brems} \cdot v_0 = 1.000\,\text{kg} \cdot 10\,\frac{\text{m}}{\text{s}^2} \cdot \frac{100}{3,6}\,\frac{\text{m}}{\text{s}}$$

$$P_{Brems,0} = 277.777,78\,\text{ Nm/s} = 277,78\,\text{kW}$$

$$P_{Brems,0} = 277,78\,\text{kW} \cdot 1,36\,\text{ PS/kW} = 377,78\,\text{PS}$$

6 REIBUNG

Durch mechanische Reibung (Bewegungswinderstand, Friktion) entsteht zwischen zwei relativ zueinander bewegten Kontaktflächen eine der Bewegung entgegen wirkende Reibkraft. Diese Kraft wirkt bereits bevor die Kontaktflächen beginnen, sich gegeneinander zu bewegen. Entsprechend unterscheidet man zwischen

- Gleitreibung (kinetische Reibung) bei sich relativ zueinander bewegenden Oberflächen,
- Haftreibung (statische Reibung) mit bereits wirkenden Kräften, wobei noch keine Relativbewegung stattfindet.

Reibung hat komplexe Ursachen. Wesentlich sind dabei die Rauheit der sich berührenden Oberflächen (Verhakungseffekte) sowie Adhäsionskräfte und Scherkräfte in den Grenzschichten (Oberflächenphysik). Zudem können Zwischenmedien die Reibkräfte beeinflussen (geschmierte Reibung, Tribologie). Im Zusammenhang mit konkreten Anwendungen von Reibungsmechanismen spricht man z. B. auch von Keilreibung, Seilreibung, etc. Bei physikalischen Aufgaben wird in der Regel davon ausgegangen, dass die reibenden Kontaktflächen hart und eben sind.

Wie an einem Beispiel in **Abbildung 6-1** dargestellt, wirkt zwischen der Kontaktfläche eines Klotzes und einer Auflagefläche die Reibkraft F_R entgegen der Zugkraft F_{Zug}. Am freigemachten Klotz wirken außer Zugkraft F_{Zug} und Reibkraft F_R seine Gewichtskraft F_G im Schwerpunkt nach unten und als Gegenkraft in der Auflagefläche die Normalkraft F_N nach oben. Ruht der Körper (statisches Gleichgewicht), sind die Beträge von Normalkraft und Gewichtskraft sowie von Zugkraft und Reibkraft jeweils gleich groß. Da auch die von den Kräftepaaren F_G und F_N sowie F_{Zug} und F_R wirkenden Drehmomente im Gleichgewicht sind, ergeben sich versetzte Wirklinien von Normalkraft und Gewichtskraft. Auf die Auflagefläche wirken die Reibkraft $-F_R$ und die Normalkraft $-F_N$, welche von der äußeren Lagerung aufgenommen werden. Der Betrag der Reibkraft ergibt sich durch Multiplikation des Betrags der Normalkraft mit dem Reibungskoeffizienten μ.

$$\mathbf{F_R = \mu \cdot F_N}$$

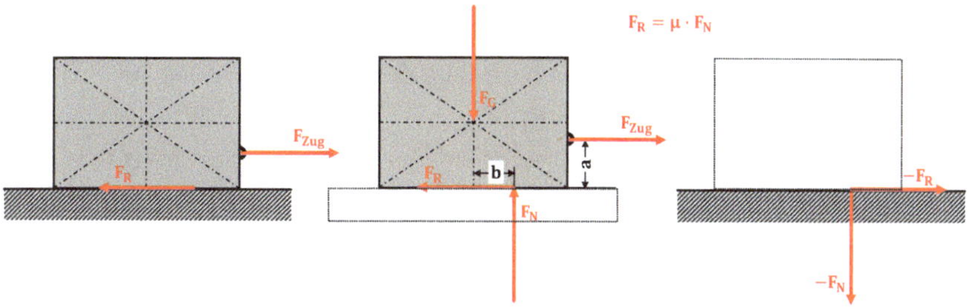

Abbildung 6-1: An einem im statischen Gleichgewicht auf einer ebenen Oberfläche ruhenden Körper bei Einwirkung einer Zugkraft wirkende Kräfte

A. Berg, *Tutorial zu ausgewählten Themen der Technischen Mechanik*,
https://doi.org/10.1007/978-3-658-52068-7_6

Im Physikunterricht wird in der Regel die Coulombsche Reibung behandelt. Sie ist nach dem französischen Physiker Charles-Augustin de Coulomb (1736 bis 1806) benannt. Demnach bleibt bei Einwirkung einer Zugkraft ein auf einer ebenen Oberfläche liegender Körper solange in Ruhe, bis zwischen den Kontaktflächen der maximal übertragbare Haftreibkraft $F_{R,max}$ erreicht ist, **Abbildung 6-2**. Der zugehörige Haftreibungskoeffizient μ_H ist nach Coulomb unabhängig von der Größe der Kontaktfläche. Bis zum Erreichen der maximalen Haftreibkraft $F_{R,max}$ kann die Zugkraft weiter gesteigert werden, wobei die Beträge von Zugkraft F_{Zug} und entgegenwirkender Reibkraft F_R stets gleich groß sind.

$$\mathbf{F_R \leq \mu_H \cdot F_N = F_{Zug}}$$

$$\mathbf{\mu_H = \frac{F_{R,max}}{F_N}}$$

Nach Überschreiten der Haftgrenze sinkt der Betrag der Reibkraft ab und es stellt sich sofort ein neuer Zustand ein, in dem die Gleitreibkraft $F_{R,G}$ wiederum proportional zur Normalkraft F_N ist. Den Proportionalitätsfaktor μ_G nennt man Gleitreibungsfaktor. Er ist kleiner als der Haftreibungskoeffizient μ_H, ebenfalls unabhängig von der Größe der Kontaktfläche und zudem unabhängig vom Betrag der Gleitgeschwindigkeit.

$$\mathbf{F_{R,G} = \mu_G \cdot F_N}$$

$$\mathbf{\mu_G = \frac{F_{R,G}}{F_N}}$$

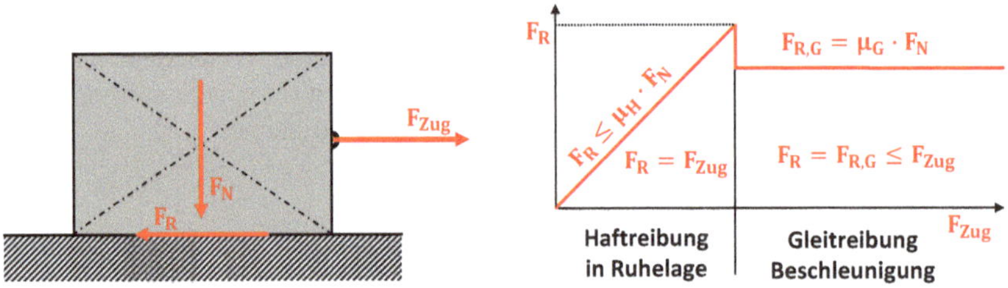

Abbildung 6-2: Coulombsche Haftreibung und Gleitreibung

Bleibt die Zugkraft F_{Zug} nach Überschreiten der Haftgrenze größer als die Gleitreibkraft $F_{R,G}$ wird der Körper beschleunigt. In der Praxis treffen die vereinfachenden Annahmen bezüglich der Reibungskoeffizienten nur bedingt zu. Hier kann eine Abhängigkeit des Gleitreibungskoeffizienten von der Gleitgeschwindigkeit bestehen und zudem kann die Größe der Kontaktflächen die Reibungskoeffizienten beeinflussen. Weiterhin trifft die Annahme von starren Kontaktflächen nicht immer zu. Wie in **Abbildung 6-2** dargestellt genügt zur Bearbeitung von Reibungsaufgaben in der Regel die Betrachtung von Reibkraft F_R, Normalkraft F_N und Zugkraft F_{Zug}. Bei praktischen Anwendungen muss jedoch auch geprüft werden, ob der Körper auf seiner Unterlage tatsächlich gleitet und nicht in Bewegungsrichtung über die Kante der Auflagefläche kippt.

Die Bestimmung von Reibungskoeffizienten erfolgt experimentell, **Abbildung 6-3**. Steht der Körper auf einer um den Winkel α geneigten Ebene, kann seine Gewichtskraft F_G in die senkrecht auf der Ebene stehende Normalkraft $F_N = F_G \cdot \cos\alpha$ und die parallel zur Ebene wirkende Hangabtriebskraft $F_H = F_G \cdot \sin\alpha$ zerlegt werden. Bis zum Gleitbeginn haben die Hangabtriebskraft und Reibkraft die $F_R = F_N \cdot \mu$ den gleichen Betrag und es gilt: $F_G \cdot \cos\alpha \cdot \mu = F_G \cdot \sin\alpha$. Daraus folgt, dass der Haftreibungskoeffizient μ_H dem Tangens des Neigungswinkels der Ebene bei Gleitbeginn des Körpers entspricht.

$$\mu_H = \tan\alpha$$

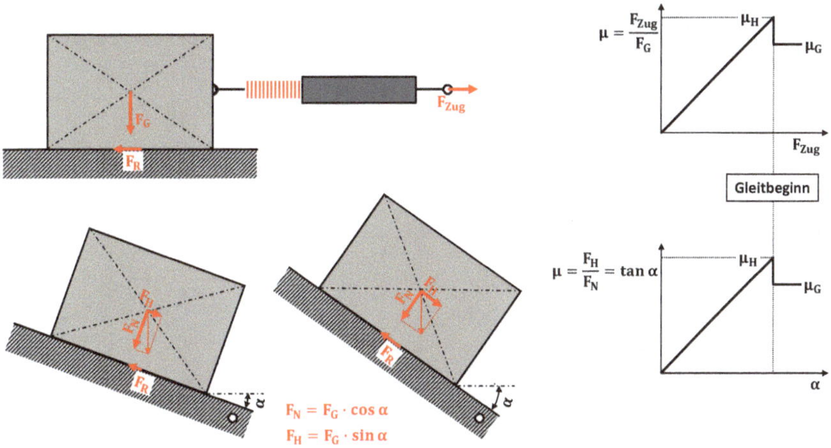

Abbildung 6-3: Experimentelle Bestimmung von Reibungskoeffizienten

Beispiel 6.1

Ein Klotz ruht auf einer schiefen Ebene
mit dem Neigungswinkel $\alpha = 30°$.
Welcher Reibungskoeffizient μ ist erforderlich, um mit der Reibkraft F_R das Gleiten des Klotzes nach unten zu verhindern?

Gewichtskraft und Hangabtriebskraft:

$F_G = m \cdot g \qquad F_H = F_G \cdot \sin\alpha = m \cdot g \cdot \sin\alpha$

Normalkraft und Reibkraft:

$F_N = F_G \cdot \cos\alpha \qquad F_R = F_N \cdot \mu = F_G \cdot \cos\alpha \cdot \mu = m \cdot g \cdot \cos\alpha$

Gleichgewichtsbedingung:

$F_R = F_H \qquad \rightarrow \qquad m \cdot g \cdot \cos\alpha \cdot \mu = m \cdot g \cdot \sin\alpha$

$\mu = \tan\alpha = \tan 30° = 0{,}58$

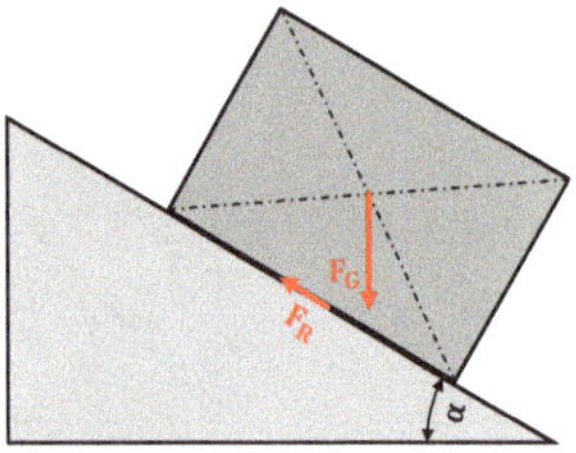

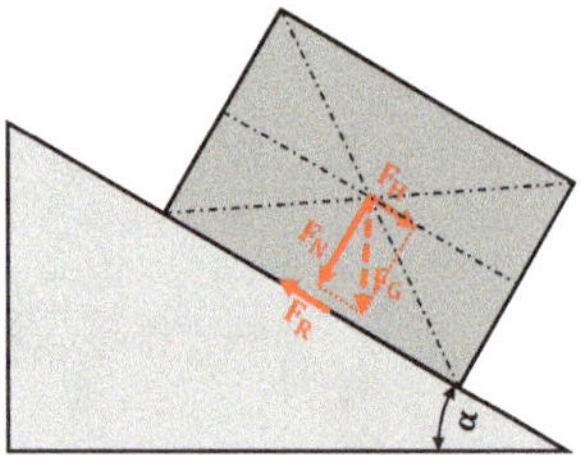

Beispiel 6.2

Ein Klotz mit der Masse $m = 10$ kg befindet sich auf einer schiefen Ebene mit dem Neigungswinkel $\alpha = 30°$. Zwischen Körper und Ebene beträgt der Gleitreibungskoeffizient $\mu_G = 0{,}2$. Welchen Betrag hat die Kraft F_{Zug}, mit welcher der Klotz im statischen Gleichgewicht gehalten wird?

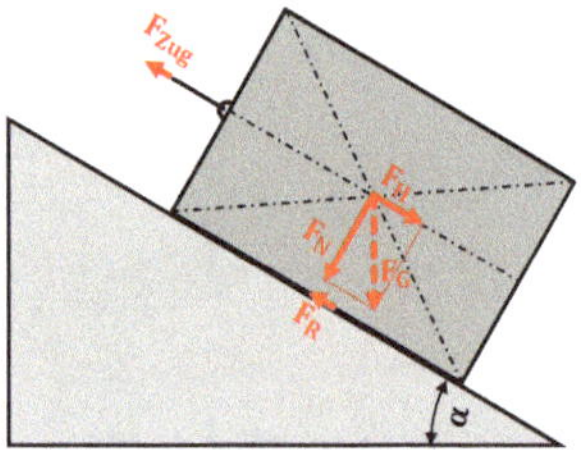

Hangabtriebskraft und Normalkraft:

$F_H = m \cdot g \cdot \sin\alpha \qquad F_N = m \cdot g \cdot \cos\alpha$

Reibkraft:

$F_R = \mu_g \cdot F_N = \mu_G \cdot m \cdot g \cdot \cos\alpha$

Gleichgewichtsbedingung in Richtung der Ebene:

$F_H - F_R - F_{Zug} = 0 \qquad \rightarrow \qquad m \cdot g \cdot \sin\alpha - \mu_G \cdot m \cdot g \cdot \cos\alpha - F_{Zug} = 0$

$F_{Zug} = m \cdot g \cdot (\sin\alpha - \mu_G \cdot \cos\alpha) = 10\,\text{kg} \cdot 9{,}81\,\frac{\text{m}}{\text{s}^2} \cdot (\sin 30° - 0{,}2 \cdot \cos 30°)$

$F_{Zug} = 32{,}06\,\text{N}$

Aufgabe 6.1

Ein Klotz mit der Masse $m = 10$ kg
befindet sich auf einer schiefen Ebene
mit dem Neigungswinkel $\alpha = 30°$.
Zwischen Körper und Ebene
beträgt der Gleitreibungskoeffizient $\mu_G = 0{,}2$.
Welchen Betrag hat die Kraft F_{Zug},
mit welcher der Körper
bei konstanter Geschwindigkeit v
hangaufwärts gezogen werden kann?

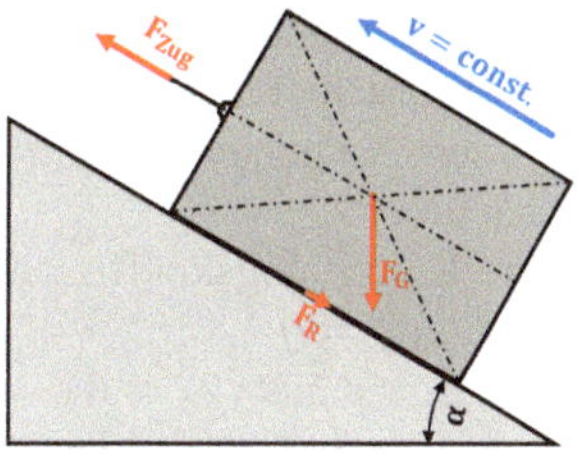

Aufgabe 6.2

An einer glatten Wand ($\mu_A = 0$)
ist wie im Bild dargestellt ein Balken
mit der Länge L angelehnt.
Auf dem rauen Boden
beträgt der Haftreibungskoeffizient $\mu_{H,B} = 0{,}4$.
Wie groß muss der Winkel α mindestens sein,
damit der Balken nicht abrutscht?
Der Balken kann als starrer Stab
mit symmetrischem Schwerpunkt aufgefasst werden.

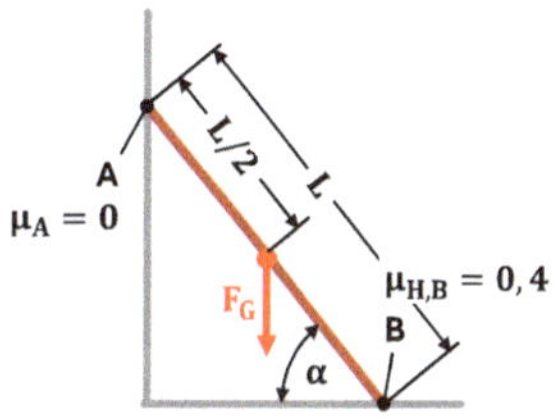

Aufgabe 6.3

Eine Leiter ist auf einem ebenen Boden
symmetrisch aufgestellt und an ihrer Spitze
mit der Gewichtskraft F_G belastet.
In den beiden Aufstandspunkten A und B
ist der Haftreibungskoeffizient jeweils $\mu_H = 0{,}3$.
Bei welchem Spreizwinkel α
beginnen die Holme auseinanderzugleiten?
Das Eigengewicht der Leiter ist zu vernachlässigen.

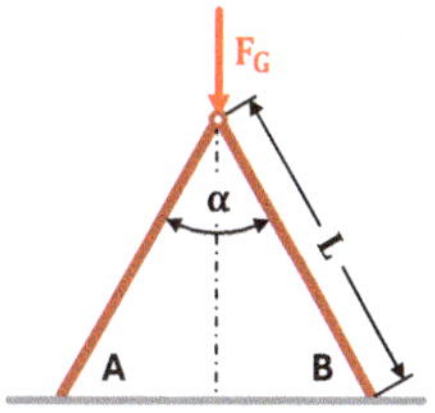

Aufgabe 6.4

Ein Klotz gleitet
auf einer schiefen Ebene
mit dem Neigungswinkel $\alpha = 31°$
nach unten.
Der Gleitreibungskoeffizient
beträgt $\mu_G = 0{,}4$.
Vom Startpunkt ($v_0 = 0$)
bis zum unteren Anschlag
beträgt die Weglänge $s = 15$ m.
Mit welcher Geschwindigkeit v_1
kommt der Klotz dort an?
Verlangt ist die Angabe
der Geschwindigkeit in m/s und km/h

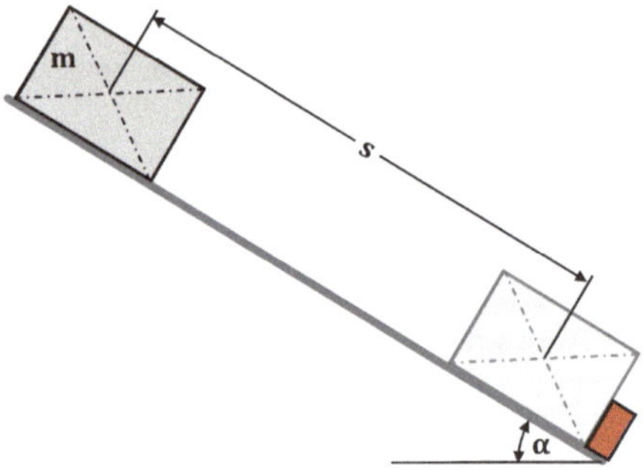

Aufgabe 6.5:

Auf der Ladefläche eines
mit $a = 7\ \mathrm{m/s^2}$ verzögerten Lkws
liegt die durch Niederzurren
mit zwei Gurten gesicherte
Masse $m_L = 1.000$ kg.

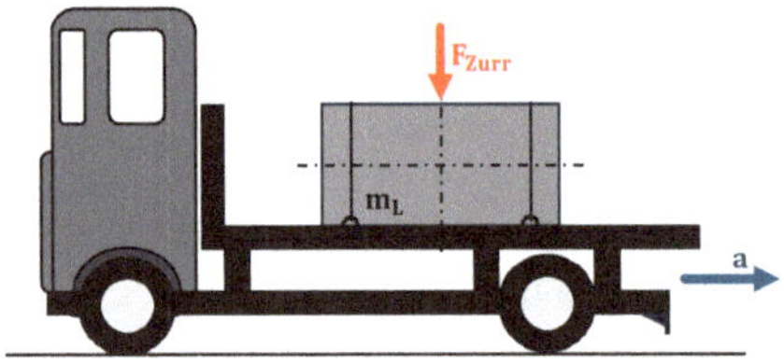

Wie groß muss die Zurrkraft F_{Zurr}
mindestens sein, damit
die Ladung bei einem
Haftreibungskoeffizienten $\mu_H = 0{,}4$
zwischen Ladungsunterseite
und Ladefläche
nicht nach vorne rutscht?

6.1 Lösungen zu Kapitel 6

Aufgabe 6.1

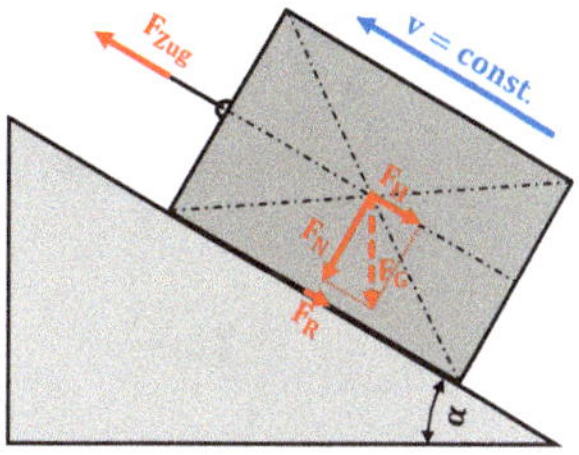

Hangabtriebskraft und Normalkraft:

$F_H = m \cdot g \cdot \sin\alpha$

$F_N \cdot \cos\alpha$

Reibkraft:

$F_R = \mu_g \cdot F_N = \mu_G \cdot m \cdot g \cdot \cos\alpha$

Gleichgewichtsbedingung in Richtung der Ebene:

$F_H + F_R - F_{Zug} = 0$

$m \cdot g \cdot \sin\alpha + \mu_G \cdot m \cdot g \cdot \cos\alpha - F_{Zug} = 0$

umgestellt und eingesetzt:

$F_{Zug} = m \cdot g \cdot (\sin\alpha + \mu_G \cdot \cos\alpha)$

$F_{Zug} = 10\,\text{kg} \cdot 9{,}81\,\frac{\text{m}}{\text{s}^2} \cdot (\sin 30° + 0{,}2 \cdot \cos 30°)$

$F_{Zug} = 66{,}04\,\text{N}$

Aufgabe 6.2

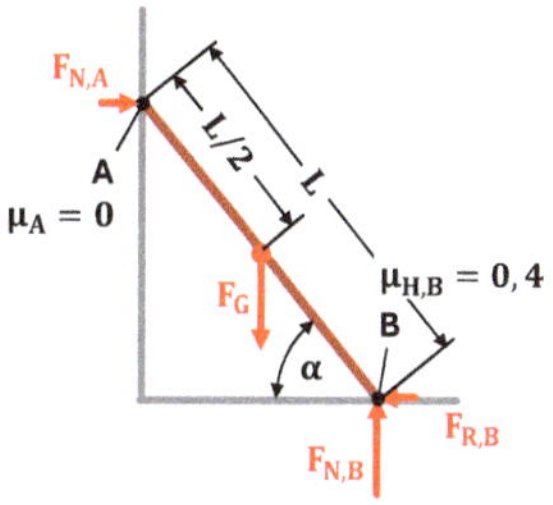

Aus dem Kräftegleichgewicht in senkrechter Richtung folgt:

$F_G = F_{N,B}$

Reibkraft in Punkt B:

$F_{RB} = \mu_B \cdot F_{N,B} = \mu_{H,B} \cdot F_G$

Momentengleichgewicht um Punkt A:

$$F_G \cdot \frac{L}{2} \cdot \cos\alpha + F_{R,B} \cdot L \cdot \sin\alpha - F_{N,B} \cdot L \cdot \cos\alpha = 0$$

$$F_{R,B} \cdot L \cdot \sin\alpha = L \cdot \cos\alpha \cdot \left(F_{N,B} - \frac{F_G}{2}\right)$$

$$F_G \cdot \mu_{H,B} \cdot \sin\alpha = \cos\alpha \cdot \left(F_G - \frac{F_G}{2}\right) = \cos\alpha \cdot \frac{F_G}{2}$$

umgestellt und eingesetzt:

$$\frac{\sin\alpha}{\cos\alpha} = \frac{1}{2 \cdot \mu_{H,B}} = \frac{1}{2 \cdot 0{,}4} = 1{,}25 = \tan\alpha = \quad \rightarrow \quad \alpha = 51{,}34°$$

Aufgabe 6.3

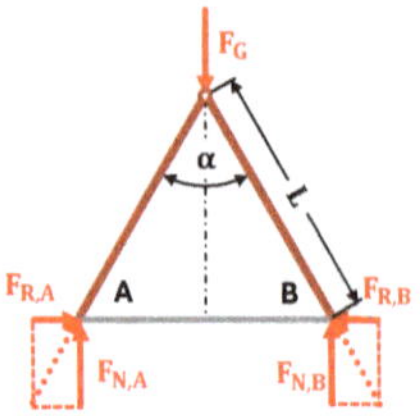

Kräftegleichgewicht in vertikaler Richtung:

$$F_{N,A} + F_{N,B} - F_G = 0$$

$$F_{N,A} + F_{N,B} = F_G$$

Kräftegleichgewicht in horizontaler Richtung:

$$F_{R,A} - F_{R,B} = 0$$

$$F_{R,A} = F_{R,B}$$

Reibkräfte:

$$F_{R,A} = F_{N,A} \cdot \mu_H$$

$$F_{R,B} = F_{N,B} \cdot \mu_H$$

Anmerkung:
Die Gleichheit der Kraftbeträge in den Punkten A und B ergibt sich auch aus der Symmetrie.

Momentengleichgewicht um den oberen Gelenkpunkt der Leiter:

$$F_{R,A} \cdot L \cdot \cos\frac{\alpha}{2} - F_{N,A} \cdot L \cdot \sin\frac{\alpha}{2} = 0$$

$$F_{R,A} \cdot L \cdot \cos\frac{\alpha}{2} = F_{N,A} \cdot L \cdot \sin\frac{\alpha}{2}$$

$$F_{R,A} \cdot L = F_{N,A} \cdot L \cdot \frac{\sin\frac{\alpha}{2}}{\cos\frac{\alpha}{2}} = F_{N,A} \cdot L \cdot \tan\frac{\alpha}{2}$$

$$\tan\frac{\alpha}{2} = \frac{F_{R,A}}{F_{N,A}} = \frac{F_{N,A} \cdot \mu_H}{F_{N,A}} = \mu_H = 0{,}3$$

$$\frac{\alpha}{2} = 16{,}7° \qquad \rightarrow \qquad \alpha = 33{,}4°$$

Alternative Lösung:
Die Resultierende aus Normalkraft F_N und Reibkraft F_R muss jeweils in Stabrichtung wirken (sonst würden sich die Holme um den oberen Gelenkpunkt drehen).
Daraus folgt:

$$\frac{F_R}{F_N} = \frac{F_N \cdot \mu_H}{F_N} = \mu_H = \tan\frac{\alpha}{2} = 0{,}3$$

$$\frac{\alpha}{2} = 16{,}7° \qquad \rightarrow \qquad \alpha = 33{,}4°$$

Aufgabe 6.4

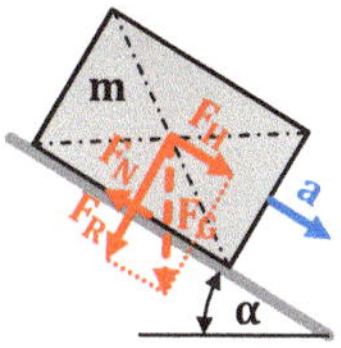

Gewichtskraft:
$F_G = m \cdot g$

Hangabtriebskraft:
$F_H = F_G \cdot \sin\alpha$

Normalkraft:
$F_N = F_G \cdot \cos\alpha$

Reibkraft:
$F_R = F_N \cdot \mu_G = F_G \cdot \cos\alpha \cdot \mu_G$

Aus dem dynamischen Kräftegleichgewicht in Richtung der geneigten Ebene folgt:
$m \cdot a = F_H - F_R = m \cdot g \cdot \sin\alpha - m \cdot g \cdot \cos\alpha \cdot \mu_G$

Beschleunigung:
$a = g(\sin\alpha - \cos\alpha \cdot \mu_G)$

Geschwindigkeit:
$v_1 = \sqrt{2 \cdot a \cdot s} = \sqrt{2 \cdot g(\sin\alpha - \cos\alpha \cdot \mu_G) \cdot s}$

$v_1 = \sqrt{2 \cdot 9{,}81 \frac{m}{s^2} \cdot (\sin 31° - \cos 31° \cdot 0{,}4) \cdot 15\ m}$

$v_1 = 7{,}12\ m/s = 25{,}63\ km/h$

Aufgabe 6.5:

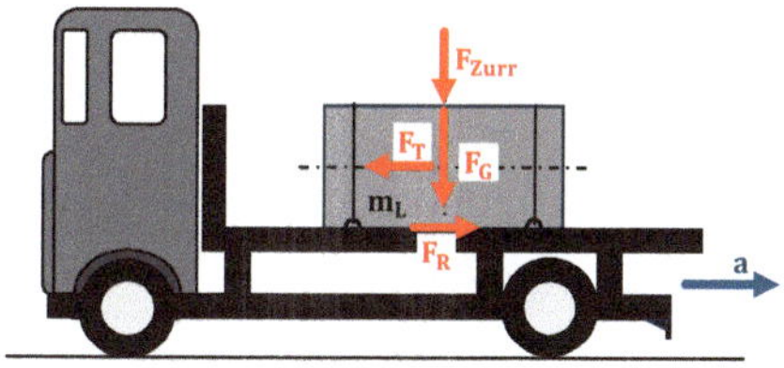

Aus dem dynamischen horizontalen Kräftegleichgewicht folgt, dass die Reibkraft mindestes so groß wie die Trägheitskraft sein muss:
$F_R \geq F_T$
$(F_G + F_{Zurr}) \cdot \mu_H \geq m \cdot a$
$(m \cdot g + F_{Zurr}) \cdot \mu_H \geq m \cdot a$
Umgestellt und eingesetzt:
$F_{Zurr} \cdot \mu_H \geq m \cdot a - m \cdot g \cdot \mu_H$

$F_{Zurr} \geq m \cdot \left(\frac{a}{\mu_H} - g\right)$

$F_{Zurr} \geq 2.000\ kg \cdot \left(\frac{7}{0{,}4} - 9{,}81\right) \frac{m}{s^2}$

$F_{Zurr} \geq 15.380\ N = 15{,}38\ kN$

Anmerkung: In der Ladungssicherungs-Praxis ist nicht der Haftreibungskoeffizient, sondern der Gleitreibungskoeffizient maßgebend.

GRÖSSEN UND EINHEITEN

In der Tabelle sind die in diesem Tutorial verwendeten physikalischen Größen und ihre Einheiten in alphabetischer Reihenfolge der Benennung aufgelistet. Referenzen sind das Internationale Einheitensystem (SI: Système international d'unité), die internationale Normenreihe ISO/IEC 80000 bzw. die entsprechende europäische Norm DIN EN ISO 80000. Soweit erforderlich werden zur erweiterten Benennung Indizes verwendet, beispielsweise F_G für die Gewichtskraft oder F_x für eine Kraftkomponente in x-Richtung.

Benennung	**Formelzeichen**	**Einheit**	**Bemerkungen**
Arbeit	W	J (Joule)	1 J = 1 Nm 1 kJ = 1.000 J
Beschleunigung	a	m/s^2	-
Drehmoment	M	Nm	-
Durchmesser	d	m (Meter)	cm (Zentimeter) 1 cm = 0,01 m
Erdbeschleunigung	g	m/s^2	1 g ≈ 9,81 m/s^2
Geschwindigkeit	v	m/s	1 km/h = 3,6 m/s
Kraft	F	N (Newton)	1 N = 1 kgm/s^2 1 kN = 1.000 N
Leistung	P	W (Watt)	1 W = 1 J/s = 1 Nm/s 1 kW = 1.000 W Veraltet*: 1 PS ≈ 0,735 kW 1 kW ≈ 1,36 PS
Radius	r	m (Meter)	-
Reibungskoeffizient	μ	-	μ_G: Gleitreibungskoeffizient μ_H: Haftreibungskoeffizient
Weg	s	m (Meter)	km (Kilometer) 1 km = 1.000 m
Winkel	α, β, ...	° (Grad)	Vollkreis: 360° Halbkreis: 180°
Verzögerung	a	m/s^2	kann auch als Beschleunigung a mit negativem Betrag angegeben werden
Zeit	t	s (Sekunde)	min (Minute) 1 min = 60 s h (Stunde) 1 h = 60 min

* Obwohl die Einheit PS seit Jahrzehnten veraltet ist, wird sie im Alltag noch häufig verwendet, weshalb sie auch in einigen Übungsaufgaben vorkommt.

A. Berg, *Tutorial zu ausgewählten Themen der Technischen Mechanik*,
https://doi.org/10.1007/978-3-658-52068-7

SACHWORTVERZEICHNIS

A. Berg, *Tutorial zu ausgewählten Themen der Technischen Mechanik*,
https://doi.org/10.1007/978-3-658-52068-7

ABBILDUNGSVERZEICHNIS

A. Berg, *Tutorial zu ausgewählten Themen der Technischen Mechanik*,
https://doi.org/10.1007/978-3-658-52068-7

NOTIZEN

A. Berg, *Tutorial zu ausgewählten Themen der Technischen Mechanik*,
https://doi.org/10.1007/978-3-658-52068-7